"十四五"时期国家重点图书出版规划项目

图文中国古代科学技术史系列 · 少年版

丛书主编:戴念祖 白 欣

神奇恢宏的中国古代建筑

韦中燊 娄可华◎著

U0247187

河北出版传媒集团

河北科学技术出版社

· 石家庄 ·

图书在版编目（CIP）数据

神奇恢宏的中国古代建筑 / 韦中燊, 娄可华著. —— 石家庄 : 河北科学技术出版社, 2023.12
（图文中国古代科学技术史系列 / 戴念祖, 白欣主编. 少年版）
ISBN 978-7-5717-1361-4

Ⅰ.①神… Ⅱ.①韦… ②娄… Ⅲ.①古建筑—中国—青少年读物 Ⅳ.① TU-092.2

中国国家版本馆 CIP 数据核字 (2023) 第 060321 号

神奇恢宏的中国古代建筑
Shenqi Huihong De Zhongguo Gudai Jianzhu
韦中燊　娄可华 / 著

选题策划	赵锁学　胡占杰
责任编辑	张　健　胡占杰
责任校对	李蔚蔚
美术编辑	张　帆
封面设计	马玉敏
出版发行	河北出版传媒集团　河北科学技术出版社
地　　址	石家庄市友谊北大街 330 号（邮编 050061）
印　　刷	文畅阁印刷有限公司
开　　本	710mm×1000mm　1/16
印　　张	11
字　　数	172 千字
版　　次	2023 年 12 月第 1 次印刷
印　　次	2023 年 12 月第 1 次印刷
书　　号	ISBN 978-7-5717-1361-4
定　　价	39.00 元

序

党的二十大报告明确提出"增强中华文明传播力影响力，坚守中华文化立场，讲好中国故事、传播好中国声音，展现可信、可爱、可敬的中国形象，推动中华文化更好走向世界"。

漫长的中国古代社会在发展过程中孕育了无数灿烂的科学、技术和文化成果，为人类发展做出了卓越贡献。中国古代科技发展史是世界文明史的重要组成部分，以其独一无二的相对连续性呈现出顽强的生命力，早已作为人类文化的精华蕴藏在浩瀚的典籍和各种工程技术之中。

中国古代在天文历法、数学、物理、化学、农学、医药、地理、建筑、水利、机械、纺织等众多科技领域取得了举世瞩目的成就。资料显示，16世纪以前世界上最重要的300项发明和发现中，中国占173项，远远超过同时代的欧洲。

中国古代科学技术之所以能长期领先世界，与中国古代历史密切相关。

中国古代时期的秦汉、隋唐、宋元等都是当时世界上最强盛的王朝，国家统一，疆域辽阔，综合国力居当时世界领先地位；长期以来统一的多民族国家使得各民族间经济文化交流持续不断，古代农业、手工业和商业的繁荣为科技文化的发展提供了必要条件；中国古代历朝历代均十分重视教育和人才的培养；中华民族勤劳、智慧和富于创新精神等，这些均为中国古代科学技术继承和发展创造了条件。

每一种文明都延续着一个国家和民族的精神血脉，既需要薪火相传、代代守护，更需要与时俱进、勇于创新。少年朋友正处于世界观、人生观、价值观形成的关键期，少年时期受到的启迪和教育，对一生都有着至关重要的影响。习近平总书记多次强调，要加强历史研究成果的传播，尤其提到，要教育引导广大干部群众特别是青少年认识中华文明起源和发展的历史脉络，认识中华文明取得的灿烂成就，认识中华文明对人类文明的重大贡献。

河北科学技术出版社多年来十分重视科技文化的建设，一直大力支持科技文化书籍的出版。这套"图文中国古代科学技术史·少年版"丛书以通俗易懂的语言、大量珍贵的图片为少年朋友介绍了我国古代灿烂的科技文化。通过这套丛书，少年朋友可以系统、深入地了解中国古代科学技术取得的伟大成就，增长科技知识，培养科学精神，传播科学思想，增强民族自信心和民族自豪感。这套丛书必将助力少年朋友成为能担重任的国家栋梁之材，更加坚定他们实现民族伟大复兴奋勇争先的决心。

戴念祖

2023 年 8 月

衣食住行，是人们生活的必需。中国是一个历史悠久的文明古国，勤劳智慧的中国先民创造了灿烂的古代文化。建筑，正是其中不可或缺的重要组成部分。

我国的古代建筑，无论是在技术方面，还是在艺术方面，都达到了相当的高度，形成了一个独特的建筑体系。我们的祖先用自己的劳动和智慧创造了体系完整、形式丰富、具有民族特征的建筑。

作为一本以介绍中国古代建筑为主题的科普读物，这本书并不是专业的学术著作，目的并不是向大家介绍有关建筑的专业知识。因此，大家翻开这本书的时候，一定要带着十分轻松的心情去欣赏，在图片与文字之中去了解我国古代先民的勤劳和智慧。

古老的建筑，展示的不仅仅是丰功伟绩，而且折射了我国悠久的历史。关于中国的历史，有二十四史的正史，洋洋洒洒。但是，中国的历史却不只是二十四史之中记录的那些。很多时候，物的实证往往比文字的描述更加具有说服力。华夏大地上的这些绚丽多姿、风格各异的古建筑，完全就是一部部独特的历史书，用它们独特的形式记录着中国数千年的历史和光辉。

建筑不断发展，内容越来越丰富，内涵越来越深刻。从民居到宫殿、从桥梁到宝塔、从长城到石窟、从园林到城市布局，建筑的内容可谓包罗万象，集工程技术与艺术于一身，融人工与自然于一体。所以，用通俗的文字介绍我国古代建筑的相关内容，确实是一件很有意义的事情。

管中窥豹，以小见大。因为篇幅所限，我们无法在这里将中国著名的古代建筑全部写出来呈现在大家的面前。所以，本书只是选取了著名的古代建筑中的一部分，按照不同的类型进行介绍。正所谓抛砖引玉，目的就是希望通过我们的介绍激发起大家了解甚至研究中国古代建筑的兴趣。当然，了解历史只是一个方面，更重要的，还是希望大家能够从历史中汲取有意义的内容，古为今用。任何时候，继承与发展总是相辅相成的，继承是为了能够更好地发展。

时代在飞速发展，世界日新月异。新的中国，基础建设在世界上负有盛名。这离不开绝对的实力和强大的综合国力，也离不开几千年建筑文化的积淀和积累。

绿水青山就是金山银山。未来的建筑发展，追求人与自然的高度和谐统一是必然的趋势，也是最终的目标。地球，作为人类共同的家园，绿水青山常在，我们的家园才能够永存。天人合一，永远是建筑追求的最高境界！

编　者

2023 年 6 月

目　录

一、中国古代建筑发展概述

　　建筑是人们为了生活和生产而建造的活动场所，是人类不断利用自然、改造自然的产物，凝聚了人类的智慧。从最原始的天然洞窟，到有主动意识建造出来的简易穴居建筑，再到造型复杂、功能完备的殿宇楼台，人类在不断实践的过程中逐步丰富着建筑方面的经验，并将建筑从最原始的本能需要变成了能够反映人类智慧的文化名片。

原始建筑的渊源——巢居与穴居

　　人类最原始的住所，无疑就是自然界天然存在的岩洞。目前，通过考古已经发现的最古老的居住古代人类的岩洞就是北京周口店龙骨山岩洞，距离现在已经有大约50万年的历史。到目前为止，我国一共发现了十几个属于旧石器时代人类居住的

原始人居住的山洞

自然洞窟，大部分都位于取水和渔猎十分方便的地方。这些洞窟的洞口一般比附近的水面高几十米，而且都位于背风的地方，洞窟的内部也很干燥。

有巢氏雕像

原始人的分布区域是十分广泛的，自然并不是什么地方都存在合适的天然岩洞。这种情况下，一部分原始人因地制宜，选择了在树上巢居的生活方式。无论是选择天然岩洞的穴居，还是选择在树上的巢居，为了舒适，原始人不可避免地要做一些改造和改善，最原始的建筑观念就这样在不知不觉之中产生了。

中国古人开始有意识地建造房子，应该是从六七千年前的新石器时代开始的。中国古代有一位与建造房子有密切关系的圣人——有巢氏，由于年代过于久远，已经没有明确的文字记载这位有巢氏到底是哪里人了。所以，更多的时候，有巢氏只是传说中的存在，成了一种特殊意义上的象征性存在。先秦的古籍，比如《庄子》《韩非子》之中，确实是有关于有巢氏的记载的。

毫无疑问，巢居和穴居正是原始建筑的两种起源。

河姆渡遗址与早期的巢居建筑

河姆渡位于浙江省余姚市，这里发现的建筑遗址所对应的年代距离现在已经有大约 7000 年了。河姆渡这个地方多水，靠近沼泽。所以，河姆渡的建筑风格是非常典型的干栏式，与巢居之间有着密切的关系。

关于干栏式建筑风格，我们后面将在民居部分专门进行介绍。干栏式建筑真的非常像鸟儿在树上筑巢一样。所谓的干栏，就是先在地上插入很多木桩，然后再在木桩上铺板，然后在木板上建造房子的建筑样式。

河姆渡遗址干栏式建筑复原样式

　　河姆渡遗址的木桩的直径一般在 8—10 厘米，插入泥土中的深度有 40—50 厘米，地板距离地面的高度在 1 米左右，板的厚度则在 5—10 厘米，每块板子的长度大约 1 米左右。从遗址来看，这些木桩都是排成了一排一排的，整个区域成长方形，长度超过了 25 米，宽度也有大约 7 米。

　　7000 年前的河姆渡先民们，用他们手中十分原始的工具就建造出了长度超过了 25 米的木屋，这确实是非常了不起的事情。不仅如此，先民们在建造木屋的过程中，还使用了非常成熟的榫卯结构，更是令人叹为观止。

　　河姆渡遗址中的建筑样式的思想起源正是最原始的巢居，它的影响力更是十分久远，即便是到了六七千年后的现在，在华南、西南地区的民居之中还有着十分广泛的应用。

半坡遗址与早期的穴居建筑

　　半坡遗址在西安市附近，它反映了 6000 多年前人们从半穴居发展到地面建筑。半坡遗址是古老的半坡村留下的，半坡村是"仰韶文化"的一个聚居部落，当时的人们已经进入了比较稳定的定居生活时代。定居的需要，必然会促进建筑的发展。

　　从遗址的发现来看，古老半坡人的住房主要有方形和圆形的两种，大部分的面积在十几平方米，较大的圆形房屋的面积可以达到 30 平方米左右。从这些住房上面可以清晰地看到半坡住房从半穴居到地面建筑的发展过程，早期的都是半穴居的，晚期的则都是地面建筑，整个过渡的时间有三四百年的样子。

半穴居建筑复原样式

半穴居的住所，就是在地面上挖出一个方形或者圆形的坑，锥形的屋顶则凸起在地面之上。这样的建筑，有点半地下室的意思。相对于半穴居住所，地面建筑无论墙体还是屋顶，都是建立在地面之上的。显然，完全的地面建筑的建造难度是要比半穴居大得多的，这样的发展自然充分地说明了半坡人建造水平的不断提升。

半坡遗址后期建筑复原样式

半坡遗址之中，还发现了一座大房子的遗址。这座大房子位于中心广场的边缘，是整个部落最高大的建筑。遗址表明，这座大房子里面已经采取了分隔空间的方法，分出了很多独立的房间，这样的情况在建筑史上绝对是一个巨大的进步。

考古人员利用现代先进的技术手段对半坡遗址的住房进行了复原处理，从复原出来的效果图来看，半坡晚期的住房已经非常接近现代的民居建筑。房子的墙体是先用木头搭建主体骨架，然后再填充以泥土的木骨泥墙结构。可以说，这样的房子已经具备了木构建筑的雏形特征。

奴隶社会时期的建筑概况

大约 5000 年之前，中国进入了奴隶社会，中国的建筑也进入了新的发展阶段。夏——中国历史上第一个世袭制朝代，已经有了城池、宫室、监狱等建筑。虽然，到目前为止有关夏朝的遗址还很罕见，但是相关的文献记载还是

殷墟遗址公园

有的。到了第二个朝代——商，无论文献记载还是历史遗址，都已经充分地证明大规模的宫室建筑已经出现了。

周分为西周和东周两段，其中西周和东周的春秋时期是中国奴隶社会的第三个历史时期。这个时候，高台建筑已经出现，建筑之中的重要材料之一——瓦也得到了普遍的应用。《周礼·考工记》里面，已经对都城的建设有了明确的规划设计。春秋时期，被后世历代工匠奉为祖师爷的鲁班也登上了历史舞台。

封建社会中国建筑发展的四个阶段

中国的封建社会是从战国时期开始的，进入封建社会之后，生产力的快速发展带动建筑也进入了新的阶段。纵观整个封建社会的 2000 多年，中国的建筑发展大体上经历了四个阶段。

咸阳宫复原模型

第一个阶段是从战国到秦汉时期。秦汉时期还出现了中国古代建筑发展历史上的第一个高潮期。战国时期，因为生产力的发展，新兴的城市不断出现。诸如齐国临淄、赵国邯郸、魏国大梁、燕国大都、秦国咸阳等，都是当时的工商业大城。到了汉代，更是出现了当时世界上最大的城市——长安。这些大城市的出现，必然意味着建筑

秦汉宫殿假想图

的发展已经到了足够的高度，因为城市的主体就是各种建筑，包括最外围的高大的城墙，里面的民居和商铺，以及最核心也是最豪华的宫殿。现在考古中发现的大量的瓦当、铺地方砖、空心砖等建筑材料，非常有力地说明当时的建筑已经发展到了极高的水平。

　　第二个阶段是三国、两晋、南北朝到隋唐这段时间。其中，隋唐更是中国古代建筑史上的第二个发展高潮期。这个历史时期，北方的少数民族纷纷通过各种方式进入中原，在不断的发展过程中，民族的融合成了这个时候最显著的特点。民族的融合，自然而然地就对建筑发展产生了影响，很多少数民族的元素被融合到了原先的建筑文化之中。同时，随着佛教的广泛传播，佛教的建筑文化也为中华的建筑艺术发展注入了新的内容，大量佛寺出现在中华大地上，佛教独有的建筑形式——塔，也从印度传入中国，并很快融合了汉文化的建筑风格，形成了具有中国特色的塔建筑。此外，大量的石窟也是这个时期开凿的，石窟建筑艺术也在不断发展、融合，成为中华传统建筑文化的一部分。

古墓出土的唐三彩院落

大明宫的数字复原图

唐代的建筑，无论是在木构建筑、砖石建筑、建筑群处理方面，还是在建筑技术、建筑艺术等方面，都大大地超过了过去，达到了前所未有的高度，中国古代建筑的发展进入了成熟期。

第三个阶段包括五代、宋、辽、金、元等朝代。不过，这个时期的建筑整体风格还是以宋代为主，宋代手工业发展非常迅速，分工越来越细，工艺也越来越精美。手工业的快速进步，必然导致建筑造型朝着灵活多变的方向发展，建筑上的装饰也变得更加丰富。建筑方面的专业著作《木经》《营造法式》都是在这个时候面世的。辽、金在宋的北方，是由两个不同的民族依次建立起来的政权，它们先后与宋并存，所以在建筑上受到宋的影响很大。但是，他们的一些建筑还是带有很多本身的民族特色的。元代在建筑方面没有太多的成就，主要是在民族文化的融合方面，在建筑上也有了相关的体现。比如盝顶这种屋顶形式，就是出现在这个时期的。

晋祠圣母殿

故宫

　　第四个阶段，也是最后一个阶段，指的就是明清时期。明代的万里长城反映出砖砌建筑发展到了极高的水平，完全用砖砌筑的地面拱券建筑——无梁殿也开始出现。在南方，江南园林更是如雨后春笋一样涌现出来，还出现了专门的园林营造著作《园冶》。清代建筑在明代的基础上又有新的发展，尤其是大型的皇家园林方面，更是闻名于世。北京西郊的三山五园和承德的避暑山庄，都堪称人类建筑史上的惊世之作。明清建筑是中国古代建筑的集大成者，它类型最全、数量最多、分布最广、规模最大、形式最丰富，在建筑创作和社会生活中最富有现实意义。

二、中国古代建筑中的基本常识

中国古代建筑中特有的构件——斗拱

复杂的斗拱结构

中国地域辽阔、民族众多，不同的地理环境、不同的生活习惯，直接导致中国的建筑形成了丰富多彩的建筑形式和风格。从宏观角度来看，中国建筑体系大概可以分为四大类型。一种是以木材为主要建筑原料的架构体系，这种建筑体系正是我国古代建筑体系的主流，也是重要特色。一种是以砖石为主的砌筑体系，诸如砖塔、城墙、陵墓等。另外两种，则是洞窟体系和绳索体系。

四个体系之中，架构体系中的木构建筑是最具中国特色的建筑形式，在世界建筑之中也是别具一格的。木构建筑之中，存在着一种奇特的构件，造型别致，一层层向外挑出，这就是斗拱。从柱顶上的一层层探出成弓形的承重结构叫拱，拱与拱之间垫的方形木块叫斗，两者合称斗拱。

斗拱在我国存在的历史非常悠

久，已经超过了 3000 年，在《论语》之中就有"山节藻棁"的记载，其中的"节"指的就是斗拱，所谓"山节"就是指累叠起来像山一样的斗拱。至于所谓的"藻棁"，则是指上面绘有水草纹的短柱子。

在建筑之中，斗拱是柱子与梁架之间的过渡和连接构件。直立着的是柱子，横着的是梁架，通过斗拱就可以将两者很好地连接在一起，形成一个牢固的有机整体。斗拱的作用很多，在室内它可以增加室内空间的高度，缩短横梁的跨度，提高横梁的承载能力；在室外它的挑出部分又能够起到悬臂梁的作用，承载屋檐和平座回廊的重量。

室内的斗拱结构

斗拱，在我国不同的朝代，不同的地区，叫法也是各不相同的。斗拱，其实是清代北京这边的叫法，在苏州那边，则被叫作牌科。宋代，斗拱则被叫作铺作或者斗栱。不仅如此，斗拱之中的一些部件的名称，在不同的朝代也是不同的。本文之中，所涉及的有关斗拱的名称，都采用清代的叫法，避免混乱。

砖塔上的装饰性仿斗拱结构

斗拱的主要构件包括斗、升、拱、翘、昂和枋。不过，其中的升是属于斗的一种，翘属于拱的一种，所以，斗拱也可以说是由斗、拱、昂、枋四种构件通过不同的方式组合起来的。其中，斗和拱是最基础也是最重要的，所以整个这套组件也就被称为了斗拱。

斗拱中的斗，外形上很像我国古代的量器——斗（截面是一个倒梯形，口大底小，口底均为正方形）。升的形状与斗相似，但是个头上要比斗小。（这一点，与量器上是一致的。升和斗在我国古代不仅是一种量器，同时也是体积单位，1 斗 =10 升。）

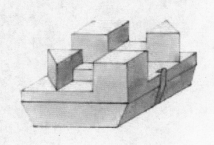

斗拱中的斗

量器——斗

拱的形状有点像弓，一块长方体的木块，两头被加工成带有弧度的折线形状。翘的形状，与拱差不多，只是断面比较高。

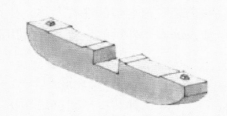

拱

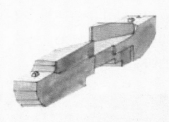

翘

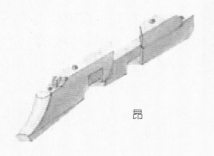

昂

昂的形状也是比较有特点的，它的前端有向下的尖斜，尾部则是向上翘起的，一直延伸到屋内。

枋是一种连系构件，作用就是把不同组的斗拱连接到一起，形成一个有机的整体。

斗、升、拱、翘、昂、枋，其实都是各自一个大类构件的统称，具体的斗拱系统之中，每一类的构件如果细分的话，其实是可以分成很多小的样式的。比如拱，就有正心拱、单材拱、外拽拱、里拽拱、瓜拱、万拱等具体的类型。不过，上述的构件之中，斗一定是整个系统的总支撑点，尤其是位于最下面的坐斗。坐斗一般都是十字开口，上面安放十字相交的拱和翘或拱和昂，翘、昂的端部又会安装小一点的斗（也叫升），上面托着更上一层的拱和枋。如此，一层一层地，既可以很简单，又可以很复杂。

实际的建筑之中，斗拱结构都是一组一组使用的，每一个立柱与横梁的交接处，都会使用到一组斗拱。按照斗拱体系之中的标准说法，这样的一组斗拱叫作一朵或者一攒。根据所在位置的不同，斗拱一般又被分为外檐斗拱、内檐斗拱和平座斗拱。顾名思义，外檐斗拱是用在屋檐下的，内檐斗拱是用在室内的，而平座斗拱则出现在平座回廊之中。其中，外檐斗拱无疑是最能够引起众人关注的，它以其独特的造型和优美的装饰大方地展示在人们的视野之中，充分地展示出了中国木结构建筑的精彩细节。

外檐斗拱

内檐斗拱

斗拱的历史十分悠久，其发展过程大体上可以分为三个时期。第一个时期从西周开始到南北朝。目前，我们能够看到的最早的关于斗拱的造型，就是出现在西周青铜器拱令簋上。此外，战国时期的一些墓葬中出土的青铜器上，也有着斗拱的形象。从汉代到南北朝时期，

大量的石阙、明器、画像石和画像砖上也有很多斗拱的形象。不过，从这些形象上来看，这个时期的斗拱结构都比较简单，与实际的木结构建筑中使用的斗拱之间还有不小的差距。

第二个时期是从唐代到元代。唐代，可以说是斗拱发展登峰造极的时期，斗拱成了木结构建筑水平框架之中不可缺少的一部分，对于保持木结构的整体性有着至关重要的作用。但是，过了唐之后，尤其是到了宋代，随着木结构建筑整体的变化，斗拱结构的作用开始逐渐被弱化，其装饰性的作用逐渐明显起来。比如宋代留下的建筑方面的典籍《营造法式》中关于斗拱的记载，就清楚地反映出各种殿堂构架的斗拱与梁架的结合，已经不像唐代那样紧密了。

第三个时期是从明代至清代。斗拱发展到明清以后，就不再发挥维持构架整体性和增加出檐的作用了，所以它的用料和尺度明显较过去历代的样式缩小了很多。不仅如此，在明清的建筑中，斗拱的作用更加注重装饰性的功能，往往会在斗拱的端头上雕刻各种花纹，并且涂上彩画，或者做镏金处理。

明清建筑中装饰各种花纹的斗拱　　　　　　　　　　　　　鎏金处理过的斗拱

虽然斗拱是我国古代木构建筑中独特的构件，但是，并不是什么人都

带有彩绘的斗拱

可以使用的。在历朝历代，斗拱的使用都有严格的限制。一般来说，普通老百姓建房子，是绝对不允许使用斗拱的。至于官员，虽然在建房子的时候可以使用斗拱，但是斗拱的挑出数量是与官员本身的品阶严格对应的，就好像官员们身上穿的官服一样，绝对不能够出现僭越的情况。

随着时代的发展，作为木构建筑中特有的构件，斗拱也逐渐地被当作装饰用在了砖、石建筑之中。作为中国古代建筑的一个重要标记，斗拱的价值目前依然是不可忽视的。

神奇的连接结构——榫卯结构

中国古代建筑之中，木构建筑是重要的一大体系。将大大小小的木构件有机地组合在一起，形成造型丰富的建筑，彰显了中华民族的智慧。最神奇的地方是，依靠榫卯结构，中国古代的这些木构建筑之中不会使用铁钉去将木构件密切地结合在

复杂的榫卯

一起，所依靠的仅仅是这些木构件本身。

　　两个木构件要想连接到一起，在它们连接的部位会被特殊处理一下，其中一个上面会被弄出凸起的榫（也叫榫头），对应的另一个构件上会弄出凹进去的卯（也叫榫眼、榫槽），榫和卯咬合，凹凸结合，就起到了极好的连接作用。

　　榫卯结构在我国出现的历史是非常久远的，7000年前的河姆渡遗址中，考古学家们就发现了大量带有榫卯结构的木质构件。

榫卯

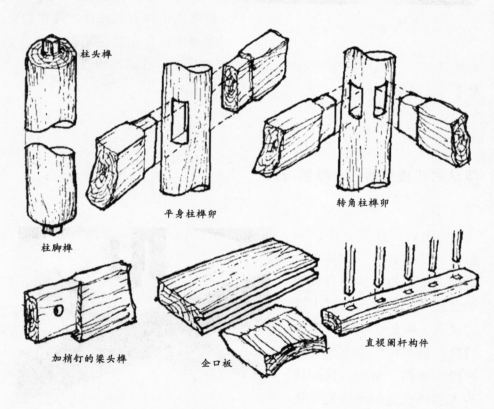

柱头榫

平身柱榫卯

转角柱榫卯

柱脚榫

加梢钉的梁头榫

企口板

直棂阑杆构件

河姆渡遗址中发现的古老的榫卯结构部件

榫卯结构有着明显的优势，它既可以承受压力，又可以承受一定的拉力，具有很好的弹性。比如在发生地震的时候，榫卯结合的木构架往往只是晃动一下，很快就能够恢复原状。"墙倒屋不塌"这句流行于我国北方的俗语，将使用了榫卯结构的木构建筑的优点非常准确而形象地概括了出来。

靠着榫卯结构连接的古老的木构建筑

榫卯结构广泛用于建筑，同时也广泛用于家具之中。比如，明式红木家具中榫卯结合样式就有近百种之多。可以说，正是榫卯结构的巧妙应用，才使得我国的木制家具更具魅力，集种种优点于一身。

一条被曲解的成语——钩心斗角

钩心斗角，乍一看，就是一个贬义色彩浓厚的成语，散发着浓浓的阴谋气息，尔虞我诈，明争暗斗，内含杀机。但是，本来这个词是为了描写特殊的建筑形态而已。

唐代的诗人杜牧在其名作《阿房宫赋》中用了"各抱地势，钩心斗角"的句子，描述的自然是阿房宫内部建筑错落有致、相映成趣的景象。现在，我们在山东曲阜的孔府之中就可以亲眼看到"钩心斗角"

"钩心斗角"的独特建筑

的景象。孔府里的建筑物中，有一个建筑物的一角插进另一个建筑物的两角中心，这就是所谓的"钩心"；而这个建筑物的其他角又和别的建筑物的角紧紧地对在了一起，这就是所谓的"斗角"，合起来就是所谓的"钩心斗角"。据说，这种独特景象并不是刻意而为，而是因为清朝雍正时期重修孔府建筑的时候，工匠们先修的亭子，后修的大成门，可能是开始设计的时候出了一点小偏差，修建好的大成门的东西两个屋檐角不得不与紧邻的两座碑亭的重檐相互交错在了一起。阴差阳错，却成就了"钩心斗角"的独特的建筑景观。

造型多样的屋顶

在建筑形式方面，木构建筑的外观分为台基、墙柱和屋顶三个部分，这三个部分各有特点。其中，屋顶更是中国古代建筑在外形上最有特色的，各种造型的屋顶让中国古代建筑精彩纷呈，形成了一道道独特的风景线。

中国古建筑屋顶的主要形式有：庑殿顶、歇山顶、悬山顶、硬山顶、攒尖顶、盝顶等。其中庑殿顶、歇山顶、攒尖顶又分别有单檐（一个屋檐）和重檐（两个或两个以上屋檐）两种。中国古建筑屋顶除了基本的房屋功能之外，还有一重意义，那就是屋主人的等级象征。按照等级从高到低的顺序，屋顶的形式依次为：重檐庑殿顶、重檐歇山顶、重檐攒尖顶、单檐庑殿顶、单檐歇山顶、单檐攒尖顶、悬山顶、硬山顶、盝顶。

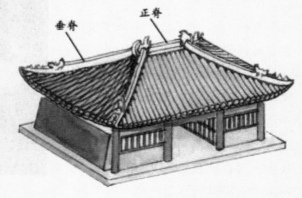

庑殿顶

庑殿顶也叫作四阿顶、五脊顶，共有一正四垂五道屋脊。其中，前后两个坡面交会处的屋脊是正脊，其他的坡面交会处的屋脊都是垂脊。与单檐庑殿顶相比，重檐庑殿顶就是多了一层屋檐，它是我国古建筑屋顶中最高等级的存在，只有皇宫和寺观的主殿才有资格使用，如故宫太和殿、泰安岱庙天贶殿、曲阜孔庙大成殿等。

歇山顶，也叫九脊顶，顾名思义，就是这样的屋顶有九条屋脊，分为一正四垂四戗。歇山顶也有四个坡面，其中前后两坡是正坡，左右的两坡则是半坡，每一个半坡的上面都一个三角形区域，被称作山花。歇山顶的应用范围还是很广泛的，不过，其中的重檐歇山顶因为等级仅次于重檐庑殿顶，所以只有规格很高的殿堂才能够使

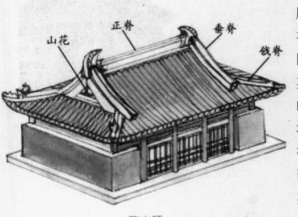

歇山顶

用，比如故宫的保和殿、太和门、天安门、钟楼、鼓楼等。

悬山顶和硬山顶很像，两者的区别在于前者的屋顶伸出了山墙之外，而后者的屋顶与山墙是齐平的。这两种屋顶的等级都不是很高，所以基本上都属于民间建筑所使用的屋顶形式。

悬山顶

硬山顶

攒尖顶最明显的特点就是没有正脊，数条垂脊在最高处聚集到了一起，用宝顶收拢在一起。用攒尖顶的建筑，以亭子、塔、阁等居多，根据垂脊的多少，分为三角攒尖顶、四角攒尖顶、六角攒尖顶、八角攒尖顶等类型。此外，还有一种特殊的，就是没有垂脊的圆角攒尖顶。攒尖顶的建筑大部分是作为点缀性的景观，但是，也不排除在一些重要的建筑之中使用攒尖顶。比如，故宫的中和殿就是典型的四角攒尖顶，天坛的祈年殿则是典型的圆角攒尖顶。

祈年殿

中和殿

盝顶是一种比较奇特，却又有几分复杂的屋顶，它的最上面居然是一个平顶，下面是四面坡或多面坡，垂脊上端连着横脊，横脊数目与坡数一样，几道横脊首尾相连，所以也被称作圈脊。不过，盝顶在我国古代大型宫殿建筑中是极为少见的。

盝顶样式示意图

　　除了上述比较正式的屋顶形式之外，我国古建筑之中还有很多造型别致的屋顶形式。比如卷棚顶、扇面顶、万字顶、盝顶、勾连搭顶、穹隆顶、圆券顶等。

　　中国古代建筑的屋顶不仅造型丰富，在坡面的用瓦、屋脊的装饰、屋角的处理等方面，也是费尽心思。一般来说，屋顶坡面的边缘线基本没有直线的，都被很巧妙地做成了优美的曲线，将柔美与稳重的感觉融合在了一起。可以说，不管是南方还是北方，中国建筑的屋顶都能够给人带来美的享受。

三、千姿百态说古塔

"玲珑塔，塔玲珑，玲珑宝塔第一层……"

这是被称为超长绕口令的《玲珑塔》的第一句，叫"玲珑塔"的塔，还真的有，只不过这绕口令中的玲珑塔是不是那一座，那就不好说了。一段绕口令，练的是嘴皮子功夫，但是，这一层又一层，却将塔那重重叠叠的特点清晰地展示了出来。

华夏大地上，塔真的很多。无论是画家，还是摄影家，或者是诗人，都喜欢塔。形态各异的塔，高高耸立，展示着姿态万千之美，与周围的风景名胜交相辉映，相映成趣。华夏大地上的塔之多，首先在于数量。不谈那已经湮灭在历史之中的，就现在被保存下来的古塔，就在千座之上。然后，就是塔的外形，有四方形、六角形、八角形、圆形，姿态万千。造型上，则有楼阁式塔、密檐塔、喇嘛塔、金刚宝座塔等。论材质，则有石塔、木塔、砖塔、铁塔。

万千古塔，异彩纷呈，既体现了我国古代劳动人民的智慧，也展示了我国古代建筑艺术的成就。塔，是我国古代建筑重要的组成部分。

中国古塔的起源与早期发展

塔，严格地说起源并不在中国，它是一种典型的佛教建筑，起源于印度。东汉永平十年，也就是公元 67 年，佛教传入我国，作为佛教特色建筑之一的佛塔也一起进入了华夏大地，在不断地融入中华建筑文化之后，最终发展成具有中国特色的古塔群体，成为中国古代建筑艺术园地之中的一朵奇葩。

最早传入中国的时候，塔一般被翻译为浮图、浮屠或佛图。最早的时候，佛教的佛塔其实是用来供奉佛骨的，通俗地说，其实就是僧人死后骨灰存放的坟墓。俗话说，救人一命胜造七级浮屠，这里面说的"浮屠"指的就是供奉佛骨的佛塔。印度浮屠的造型其实并不复杂，远没有现在的各种塔来得精致，只是在一个台基上建造一个外形很像倒扣过来的钵的圆形塔体，然后再在塔体上立一个立柱，用来存放舍利子。这个立柱，被称为刹杆，后来人们把其他塔顶上的立柱也都称作刹杆。

五台县佛光寺祖师塔

从印度传入中国之后，佛塔很快就与中国的建筑风格发生了融合。根据《后汉书》里面的记载，当时的浮图结构是"上累金盘，下为重楼"的样式。这里面，所谓的"金盘"，其实就是用金属做成的刹杆，差不多就是印度的佛塔的缩影；至于"重楼"，就是完全中国化的那种多层的楼阁。所以，我国古代早期的佛塔其实是印度风格的佛塔与汉代楼阁式高层建筑结合的产物。后来，这样塔也被称作楼阁式塔。

报国寺泛舟禅师塔

圆觉寺塔

初期的塔，大多数都是木塔。木头虽然取材方便，但是缺点也不少，比如时间长了特别容易腐败、容易遭受到虫蚁的蛀咬、容易着火燃烧等等。所以，早期的这些木塔能够保留下来的真的是极少极少的。北魏时期一本叫作《洛阳伽蓝记》的书中就记录了当时的永宁寺之中有一座高达百丈的巨型木塔。但很遗憾的是，这座规模宏大的木塔没有逃脱被大火焚毁的下场，今天只能在其他的一些建筑上还能够看到它的影子。

现存最古老的木塔——应县木塔

应县木塔全景

现在还保存着的木塔之中，应县木塔应该是最有名气的，它与意大利比萨斜塔、巴黎埃菲尔铁塔并称为"世界三大奇塔"。应县木塔的正式名字叫作佛宫寺释迦塔，它是我国现存最高、最古老的一座木塔，也是唯一一座木结构楼阁式塔。2016 年 9 月，它更是被吉尼斯世界纪录认定为"全世界最高的木塔"。

应县木塔是辽清宁二年，也就是

公元 1056 年建成的，距离现在已经有近
千年的历史。整个塔有 67.31 米高，底层
的直径是 30.27 米。塔的横截面是一个平
面八角形，从外面看起来，一共有五层六
重塔檐，因为塔的第一层是重檐结构，也
就是有两层塔檐。实际上，应县木塔的内
部是九层的结构，除了外面看到的五层之
外，里面其实还暗藏着四层暗层。整个九
层高塔全部是用红松木建造的，当时修建
的时候一共耗费红松木料 3000 多立方米，
重达 2600 多吨。但是，令人震惊的是，

应县木塔局部

整个木塔没有使用一根铁钉，全部靠斗拱、柱梁镶嵌穿插吻合而成，
结构精巧绝伦。应县木塔的设计，大胆继承了汉、唐以来富有民族特
点的重楼形式，充分利用传统建筑技巧，广泛采用斗拱结构，据专家
统计，应县木塔共使用了 54 种 240 组不同形式的斗拱，是我国古代建
筑中使用斗拱最多的塔，堪称"斗拱博物馆"。

应县木塔结构示意图

应县木塔的特点不仅仅在于它
是目前我国现存的最古老的、最高
的木塔，更在于它具有非常强的抗
震性能，即便是在经历了多次大地
震的情况下依然耸立不倒，几乎
没有受到多大的影响。应县木塔之
所以能够拥有如此了得的抗震性，
主要有三个方面的原因：

一是通过石座层、地宫和笔尖
状的结构降低了木塔的重心，使其
非常接近地表，因而木塔也具有了
较好的抗倒伏能力。

二是通过榫卯结构形成了套筒
框架，使它能够抗撕裂、分解。木

塔每一层都有内外两圈柱网，都是内部八根柱子，外部二十四根柱子，通过柱、梁、斗拱嵌套在一起形成了套筒结构。

三是经典的榫卯结构——斗拱就好像是汽车上的减震系统，它们之间的摩擦力和旋转能够很好地吸收掉地震中的能量。可以说，正是有着合理的榫卯结构布局，才使得应县木塔在受到多次地震甚至炮击的情况下，依然能够屹立不倒。

围绕着应县木塔，还流传着很多有意思的故事，其中有一个叫作"鲁班建塔"的故事，就十分有意思。在应县的民间传说中，将木塔的建造归功到了中国传说中的木匠祖师爷鲁班的身上。传说鲁班的妹妹与哥哥比试手艺，妹妹说她一晚上能做出十二双绣花鞋，哥哥要是能在一夜之间盖起一座十二层的木塔的话，那就算哥哥赢了。结果，鲁班还真的一夜之间修建出来一座十二层的木塔，只不过塔建好了之后，土地爷却承受不了塔的压力，塔直往地下陷。无奈之下，鲁班只好伸手一推，将塔分成了两截，上半部被他一掌拍到了今天的内蒙古一带，剩下的五层慢慢地钻出地面之后就变成了现在的木塔。

应县木塔内部雕像

佛像

作为一座有着近千年历史的古老建筑，应县木塔在我国的建筑史上是具有极高的地位的。国家文物局对它的评价是：现存世界木结构建设史上最典型的实例，中国建筑发展上最有价值的坐标，抗震避雷等科学领域研究的知识宝库，考证一个时代经济文化发展的一部"史典"。

造型丰富的砖塔

嵩岳寺塔

木塔不利于长久存在，建塔的材料也就自然逐渐从木头变成了砖石。我国砖石材质的塔最早出现在南北朝时期，距离现在 1500 年左右。现存最古老的砖塔，正是建于北魏时期，公元 523 年的嵩岳寺塔。嵩岳寺塔使用的泥浆是用糯米汁拌黄泥制作成的，使用的砖块是小青砖，这样的选材和用料在世界上属于首创。

嵩岳寺塔，坐落在郑州登封市城西北 5000 米处嵩山南麓峻极峰下的嵩岳寺内，它是我国现存的最古的密檐式砖塔，可以称得上是密檐式塔的鼻祖。嵩岳寺塔是我国唯一的一座十二面的古塔，也就是它的塔平面居然是一个罕见的十二边形。塔高 37.6 米，底层直径 10.16

嵩岳寺塔塔刹

米，内径 5 米多。整个塔由基台、塔身、15 层叠涩砖檐和宝刹组成。

塔的内部，从底部到顶部全是空的，十分像一个大烟囱。当然，里面还是安装了木质的楼板和扶梯的，这些楼板将内部空间隔成了数层，不过里面的层数与外面的密檐数量并不一样多。

嵩岳寺塔有些元素还具有印度阿育王时期佛塔的特色，而这一时期的佛塔，在印度已经几乎绝迹了，所以许多研究印度阿育王时期佛塔的学者和专家经常会专门到嵩岳寺塔来搞研究。

塔，作为佛教建筑，一开始并没有登高的功能。但是，塔从印度传入中国之后，在融入了中国传统楼阁式建筑风格之后，登高远眺就成了中国塔的一大特色。这种类型的塔，也被称为楼阁式塔，它在唐宋时期得到了很好的发展。现在，唐朝留下的古塔之中，大部分都属于砖塔。这其中，自然少不了大量的传世名塔。比如西安的大雁塔、小雁塔等。

杨鸿勋绘大雁塔初创形制

大雁塔，原名叫作慈恩寺塔，因为当初它是修建在慈恩寺内的。大雁塔是公元 652 年修建的，当时，为了保存玄奘从印度取回的经书，唐高宗李治下令专门修建了这座宝塔。这座塔是典型的方木结构砖塔，虽然周围的建筑经历了战火和重建，但是大雁塔的主体还是唐朝的。

大雁塔一开始建造的时候，只有五层，外表用砖头砌，里面则是土结构，所以很快就崩塌了。再次重建之后，层数从五层增加到了十层。大概公元 701 年到 704 年之间，武则天又下令对大雁塔进行了改建，将其改成了一座七层的楼阁式青砖塔，塔平面是正方形的。改建后的大雁塔，由塔基和塔身两个部分组成。其中，塔基的边长是 48 米，高为 4.2 米，塔基的上面是塔身，边长为 25 米，整个塔身的总高度是 59.9 米，塔基和塔身加起来的总高度就是 64.1 米。每一层都有楼板，通过专门的扶梯，可以从下面一直登到塔顶的位置。明朝的时候，人们在大雁塔的塔身外面包上了一层厚砖，对整个大雁塔起到了很好的加固作用。

大雁塔名字的由来，似乎与玄奘取经有关。玄奘在他写的《大唐西域记》这本书里面记录了这样一个佛教故事：

大雁塔

大雁塔与塔前的玄奘塑像

很久以前，印度一个寺庙里的和尚信奉小乘佛教，吃三净食（即雁、鹿、犊肉）。有一天，空中正好飞来一群大雁。这时，正好有一位和尚看到了群雁，就说："今天大家都没有东西吃了，菩萨应该知道我们肚子饿呀！"话音刚落，一只雁就从天上掉了下来，死在了这位和尚的面前。看到这只从天而降的大雁，和尚惊喜不已，他马上将这个消息告诉了寺内的其他和尚，而且认为这是佛在教化他们。后来，他们就在大雁掉落的地方，修建了一座塔来安葬这只大雁，并将这座塔命名为雁塔。

玄奘在公元 629 年至 645 年期间，在印度游学的时候曾经瞻仰过这座雁塔。后来，在慈恩寺修建大雁塔的时候，开始的时候，明显是仿造了印度雁塔的形式，所以这座当时被称为慈恩寺塔的砖塔也就有了雁塔的名字，并一直沿用至今。

小雁塔，全称荐福寺小雁塔，位于西安市南门外的荐福寺内，是一座典型的密檐式砖结构佛塔，是唐朝都城长安保留至今的两处重要标志之一。小雁塔在唐宋时期一直叫荐福寺塔，"小雁塔"的这个名字，则是与"大雁塔"的名称有关系。因为它比慈恩寺大雁塔小得多，高度只有43.3米，底边长11.38米，都比大雁塔小，所以就被称为了小雁塔。

小雁塔

小雁塔的修建时间也比大雁塔要晚一些，大概是在公元707年到710年之间。开始的时候，小雁塔并不是修建在荐福寺的里面，而是修建在了与荐福寺寺门相对的地方，不过它依然属于荐福寺的一部分。

优美的小雁塔倒影图

小雁塔的特点是塔形玲珑秀丽，塔身宽度自下而上逐渐减小，全部轮廓呈现出娇媚舒畅的锥形，造型优美。塔平面为正方形，每一层的南北两面都有半圆形拱门，塔的内部有木梯，可以登上塔顶眺望远处风光。

以大雁塔和小雁塔为代表的唐朝的砖塔，有一个共同的特点：塔平面是正方形的，塔的内部从底部到顶部是一个空筒，每一层都铺有木楼板并安装木楼梯。从唐朝，经过五代，再到宋朝，我国的砖塔在结构上发生了明显的变化。唐朝的砖塔，塔平面以正方形为主，八角形的很少。到了五代的时候，八角形的塔开始盛行起来，偶尔会出现一些六角形的塔。宋朝的时候，八角形就成了佛塔标准的结构形式。从四边形发展到八角形，这是一个很大的进步，与正方形的塔比起来，八角形的塔有两个非常明显的优点。一是八角形的塔受风的面积比正方形的要小，对于塔的安全性更有好处；二是八角形的塔从造型上来看显得更加玲珑而富有变化，通俗地讲就是更好看。

宋朝，我国的塔建筑进入了一个新的阶段，除了塔平面八角形成为标准形式之外，楼层分割的方式上也变得更加丰富起来。除了小型的塔还像唐朝的塔那样

开元寺塔

内部是空筒形之外，大型的塔已经开始采用塔心柱结构。不仅如此，宋朝的塔内部结构更加复杂，通过各种方式，将楼梯、楼板等与整个塔身连接成了一个有机的整体，使得塔的整体稳定性得到了极大的提升。同时，因为塔身结构的变化，使得登塔楼梯的布置也变得多样化起来。有的在塔外壁的中间，盘旋而上；有的在塔心柱中间，有的在回廊中间。结构的变化，自然也就使得塔本身变得各具特色起来。

从地域上来看，宋朝的塔大体上有两大类型，分别是中原地区的砖塔和江南地区的砖身木檐塔。河北的开元寺塔、开封的祐国寺塔、苏州罗汉院双塔、上海龙华塔等，都是宋塔的传世精品。

河北定州开元寺塔，塔高83.7米，是中国现存最高的砖塔。开元寺塔就是宋朝的时候修建的。当时，开元寺的和尚会能从印度取经回来的时候带回来了"舍利子"，于是皇帝就下令让会能修建一座塔，将"舍

利子"埋在塔底下石匣内（即金棺银椁）。这座塔开始修建的时间是宋朝真宗皇帝的咸平四年，也就是公元1001年，建成的时间是宋朝仁宗皇帝的至和二年，也就是公元1055年，前后经历了50多年。因为当时的定州正好处于宋辽交界地带，站在塔顶可以远远地观察辽国的情况，所以开元寺塔在当时还得到了一个"料敌塔"的名字。

开元寺塔

　　开元寺塔的塔平面是典型的八角形，而且是楼阁式结构。整个塔由基座、塔身和塔刹三部分组成，其中塔身有十一级，从下往上塔身直径一层比一层小。塔身的外面，一到九层是四个正方向上各开一个门，其他四个侧方向上装饰彩绘的盲窗。最后两层，也就是第十层和第十一层，因为当时军事瞭望敌情的需要，在八个方向上都开了门。

开封铁塔

　　整个开元寺塔是一个外塔体环抱内塔体的双层结构，塔内的楼梯穿越内塔体从一层一直盘旋到第十一层。整个塔的造型端庄威武，既具有北国山川的雄浑气势，又兼有江南秀水的柔美风姿。

　　开封的祐国寺塔，最初叫作开宝寺灵感塔，到了明朝的时候才被改成了祐国寺塔这个名称。最初的时候，这座塔是一座八角形十三层的木塔，但是在1044年的时候被雷电击中引起大火而烧毁。1049年，宋仁宗皇祐元年的时候重新修

塔上的砖雕

建，这一次改成了砖塔，依然保持原来的八角形十三层的样式，外壁上则采用的是褐色的琉璃砖，所以外表看起来很像铁的颜色，因此这座塔也有了琉璃塔、铁塔的别称。

现在的开封铁塔，也就是祐国寺塔，总高度55.88米。整个塔的塔身上砌满了花纹砖，图案有飞天、麒麟、菩萨、乐伎、狮子等50多种，造型优美，神态动人，可以称得上是宋代砖雕艺术的杰作。铁塔的结构十分坚固，近千年的时间里，先后它历经了37次地震、18次大风、15次水患，但是依然巍然屹立。

苏州罗汉院塔其实是两座塔，所以也称为双塔，它们位于苏州城东南角的定慧寺巷内，是苏州最具特色的两座砖塔，一座叫舍利塔，另一座叫功德塔，是北宋年间王文罕、王文华兄弟捐资修建的，建筑形式一模一样，因此又叫"兄弟塔"。苏州人也称双塔为"姑嫂塔"。

两座塔之间相距14米，都是七层的八角形楼阁式砖结构塔，形制上完全是仿造木塔来修建的。两座塔的规模大小和结构形式完全相同，仅仅在高度上略有差异，东塔高33.3米，西塔高33.7米。双塔与其他塔的一个显著的不同，就是它们的塔刹都很高，足有8.7米，几乎占据了整个塔高的四分之一。

上海龙华塔坐落在徐汇区著名的龙华寺前面。这座塔的前身，据

苏州双塔

龙华寺塔

说是三国时期孙权下令修建的，公元 247 年的时候，孙权为了孝敬自己的母亲专门修建一座宝塔，所以这座塔也被称为报恩塔。不过，孙权所修建的报恩塔在唐朝末年的时候就毁坏在战火之中了。现在我们看到的龙华寺塔已经是北宋太平兴国二年，也就是公元 977 年的时候，由当时的吴越王钱俶重新修建的了。

龙华塔是一座砖木结构的古塔，也是典型的八角形，一共有七层，总高度 40.64 米。塔的里面是方室楼阁式的样式，有专门的木头楼梯，可以一层一层地上到最高处。塔的外面，每一层都有平座、勾栏，飞檐高翘，角上挂着风铃。塔檐和平座之下，都有斗拱层层挑托，体现了木构楼阁建筑玲珑秀丽的外观特色。现在保存下来的塔身和基础部分仍然是宋代的原物。塔檐和平座栏杆等细节的地方，倒是经过了多次的维修，但是总体上宋代建筑的风格特征还是保留得很好的。

中国最高的石塔

相对于木塔，砖塔自然更能够抵御自然界的和人类的破坏。当然，除了砖塔之外，石塔也有着同样的优点。用石材建塔，也算是因地制宜，就地取材。

开元寺双塔

泉州的开元寺双塔就是我国古代石塔之中的精品。双塔分别位于开元寺的两侧，两者之间相距200米。

东侧的塔叫作镇国塔，俗称东塔。东塔最早的修建时间大约是唐朝的咸亨年间，在公元670年到673年由一名叫作文偁的禅师主持修建。东塔最初是一座木塔，目的是用来安放佛舍利。到了宋朝，这座木结构的东塔就毁损了，于是人们就在原来的基础上重修了一座砖塔，修建的时间在公元1227年。后来，人们又将这座砖塔改成了一座石塔，不过这个过程持续的时间可是不短，从1238年开始到1250年结束，前后经过了十多年的时间。重修的石塔，高度为48.24米，完全用花岗岩修建而成，是一座仿木结构的楼阁式建筑。

用花岗岩修建而成的石塔

双塔之一

不仅如此，这座镇国塔还是一座有塔心柱结构的塔，它的塔心柱十分粗壮结实，通过横梁斗拱结构和塔的外壁连结在了一起，使得整个塔的稳定性非常高，能够抗击地震和强风的冲击。整个塔的造型十分宏伟壮丽，上面的那些石雕更是技艺精湛而古朴。塔壁上雕刻了整整八十尊护塔神像，真的是各具特色，每一尊的身份、服装、姿态、表情都不相同。塔的须弥座束腰部位镶嵌着三十九幅释迦成佛的连续故事图像，每一幅的主题都十分明确，人物形象的刻画也十分细致到位，引人入胜。图刻简练，内容鲜明，充分体现了宋代泉州石雕工艺的艺术成就。

西侧的塔叫作仁寿塔，俗称为西塔。西塔的修建时间要比东塔晚一些，已经到了唐之后的五代时期。五代指的是梁、唐、晋、汉、周，西塔是修建于其中的后梁贞明年间，即公元 915 年到 921 年之间，当时的闽王王审知在福建大量修建寺庙。传说，这个王审知甚至想在自己的大都督府里面建造一座佛塔。一天，他突然做了一个梦，梦里面一个和尚让他去泉州这个地方修建一座塔。梦里面，王审知大怒，直接下令砍掉和尚的脑袋，结果和尚的身体却一下子蹦起来几尺高，直接将王审知从梦中惊醒了过来。梦醒之后，王审知内心感到了惊恐，于是真的就到泉州找地方建造了一座塔，据说这就是后来的西塔。西塔修建的时间是公元 916 年，当年四月动工，十二

塔刹

月建成。整个塔一共七层，当时被称为无量寿塔。到了北宋政和四年，即公元 1114 年，这座塔被改成了现在的名称——仁寿塔。开始，仁寿塔也是一座木塔，北宋时被改建成了砖塔。到了南宋，又被改建成了石塔。石塔的高度是 44.06 米，比一开始的木塔少了两层，只有五层，塔平面也是典型的八角形，与东塔一样是仿木结构的楼阁式塔。

开元寺双塔，巍峨壮丽，是我国古代石塔建筑中的珍品。

辽金的密檐塔

北宋，我国北部地区曾经先后出现过两个少数民族建立的政权，先是契丹族建立的辽国，后是女真族建立的金国。这两个民族在建立了国家之后，也兴建了不少的塔。不过，这两个民族建造的塔基本都是密檐式的，而且基本都是实心的，带有很强的宗教色彩，在形制上这些塔应该属于嵩岳寺塔风格的延续和发展。

辽金的密檐式塔的塔平面也是八角形的，与宋塔是一样的。塔身表面做出木构件，密檐也是用斗拱进行承托的，而且形制上也很规则。虽然是密檐式的结构，但是辽金的塔与之前的那些密檐式塔还是有明显不同的，那就是外在轮廓上从下而上，每一层塔的大小几乎是一样的，显得很

天宁寺塔

稳重。北京广安门外的天宁寺塔，可以算得上是辽代密檐式塔中的典范之作。

灯光下的天宁寺塔

虽然现在我们看到的这座天宁寺塔是一座辽代的宝塔，但是宝塔所在的天宁寺出现的年代却要比这座塔早得多。最早的天宁寺出现在北魏时期，大约是在北魏的孝文帝延兴年间，也就是公元471年到476年之间，最初的名字叫光林寺。到了隋朝，光林寺又改名弘业寺。当时的皇帝是隋朝的开国皇帝隋文帝杨坚。传说他还没有当皇帝的时候，曾经有一位来自印度的高僧送给他一袋舍利。于是，当杨坚当上了皇帝之后，他就在很多地方专门修建供奉舍利的宝塔，其中天宁寺正是其中一处建塔的地点。

最初的塔，其实是一座木结构的塔，是可以通过台阶攀登上去的。这座木塔存在的时间不算太长，后来就损毁掉了。至于塔所在的寺庙，到了唐朝开元年间即公元712年又改名为天王寺。又过了400多年，到了辽代的天庆九年到十年即公元1119年到1120年，当时辽国皇帝的亲叔叔主持修建现在我们看到的这座天宁寺塔，先后用了10个月的时间。这位皇帝的叔叔后来也当了皇帝，只不过很遗憾的是他只是当了3个月就死了，如此一来这座塔也就成了这位短命皇帝唯一的纪念。

紧随辽之后的是金。金王朝直接占据辽的燕京建立了自己的都城，天王寺也就成了当时的皇城之中唯一的大寺庙，后来又被改名为大万安寺。又过了100多年，到了元朝末年，这座古老的寺庙遭受了灭顶之灾，整座寺庙除了这座十三层的八角形舍利砖塔得以保留下来之外，其他的建筑全部毁灭在了战火之中。到了明朝的第三位皇帝明成祖朱棣的时候，他下令重修了这座古老的寺庙，同时更换了舍利塔基座上的砖雕部分。公元1435年，也就是明朝宣德十年的时候，寺庙正式更名为天宁寺。10年之后，寺庙的名字再次被短暂地更改成了广善戒坛，不过很快就又改回了天宁寺这个名字。

清朝初年，天宁寺塔的塔顶出现了崩塌。乾隆二十一年即公元1756年再次重修天宁寺的时候，这座辽代的宝塔的铁塔刹被改成了用砖头砌成的宝顶。1988年1月，天宁寺塔被国家文物部门定为全国重点文物保护单位。1991—1992年大修的时候，人们在塔顶之中发现了最初建塔的时候留下的一座石碑，上面的内容证明这座塔确实就是辽代修建的。

天宁寺塔的砖砌宝顶

天宁寺塔上精美的浮雕

天宁寺舍利塔总高度是57.8米，最下面是一个方形的砖砌平台。平台的上面则是两层八角须弥座，基座的周围侧面布满了各种栩栩如生、形神兼备的雕刻，有动物的，有植物的，有人物的，造型各异，姿态丰富。须弥座的上面是承托塔台和平座，平座的上面则是三层巨大的仰莲瓣，整个平座看起来就好像一朵盛开的莲花。平座的上面，就是塔身了。塔身的平面为八角形，与宋塔是一样的。其中，第一层塔身的高度明显比其他层要高得多，正面朝南。整个塔身上的雕像工艺精湛，造型优美，手法细腻，人物栩栩如生，堪称中国佛塔雕塑艺术中的经典之作。

独具特色的喇嘛塔

喇嘛塔比较特殊，又称覆钵式塔，是藏传佛教的塔，主要流传于南亚的印度、尼泊尔，中国的西藏、青海、甘肃、内蒙古等地区。喇嘛塔也常常被称为白塔，这主要是因为它的实心塔身是白色的，看起来就好像一个白色的大圆肚子。

妙应寺白塔

覆钵式塔基本都是由四个部分组成的，分别是基座、塔身、塔脖子和

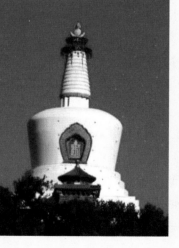

北海白塔

塔刹。其中基座在最下面，有圆形、方形、八角形、多角形等样式。藏式喇嘛塔的基座一般都很宽大，甚至可以在其中开辟出单独的房间，用来存放物品或者住人。塔身，也叫塔肚子、覆钵、覆钵丘，因为它的样子很像一只倒扣着的钵（和尚盛饭的碗）。塔脖子，又称为天相轮，相轮的层数一般都是奇数，最多有十三层，所以也叫"十三天"。塔刹是由伞盖和宝刹组成的，伞盖在十三天的上面，通常包括华盖和流苏，宝刹的形制有三种：日月刹、金属高刹、宝珠刹。

　　北京妙应寺的白塔是我国现存年代最早、规模最大的藏传佛教佛塔，也被称为世界八大塔之一。它的修建时间是 1271 年，当时是元朝的至元八年，正是元世祖忽必烈当政的时代。当时，忽必烈崇信佛法，为了供养佛舍利，专门在一座辽塔的基础上修建了这座大型的喇嘛塔。主持修建这座塔的是一位尼波罗国（现在的尼泊尔）人，叫阿尼哥。

五台山白塔

　　妙应寺白塔的台基高达 9 米，分为三层，最下层是正方形的，中间和上面的两层则是亚字形的须弥座。台基上面是塔基，是莲花座的造型，它的上面就是塔身，俗称"宝瓶"，也就是塔肚子。妙应寺白塔的塔身上有 7 道铁箍，顶部还有一个小型的须弥座。这个小须弥座的上面就是塔脖子，也就是 13 天相轮。天相轮的顶端是一个直径达到 9.7 米的华盖，华盖的底子是厚重的木板，上面铺了铜板瓦，而且做出了 40 条辐射状的筒形脊梁，华盖的四周悬挂着 36 副铜质透雕的流苏和风铃，微风吹动，铃声悦耳。华盖中心处，还有一座高约 5 米的鎏金宝顶，为了将这座宝顶固定在华盖上，一共用了 8 条粗壮的铁链。妙应寺白塔的整个塔高是 50.9 米，底座面积更是达到了 1422 平方米。

类似于妙应寺白塔的，还有北京北海公园里的白塔、扬州瘦西湖白塔、五台山塔院寺塔等等。

瘦西湖白塔

一座多塔的金刚宝座塔

到了明清时期，我国的古塔无论是类型上，还是结构上，几乎都没有什么创新和突破。如果一定要说有什么新的形式的话，那就是出现了一个台座上多个塔的"金刚宝座塔"。一般来说，这样的情况下，都会有一座主塔，比其他的都要大一些，处于众塔的中心位置，其他的那些塔个头会小一些，围绕在主塔周围，呈现众星拱月的态势。北京西直门外的真觉寺塔、西黄寺的清净化城塔、碧云寺金刚宝座塔、云南的曼飞龙塔，都是比较典型的金刚宝座塔。

五塔掩映

真觉寺塔是时代最早、造型最精美的金刚宝座塔，它坐落在北京市海淀区西直门外白石桥的东边，也被称为五塔寺塔。这座塔是明朝的时候修建的，建成的时间是成化九年，也就是公元 1473 年。

金刚宝座塔这种造型的起源与印度的佛教建筑有关系，比如真觉寺塔的建筑形式就是参考了印度的佛陀伽耶大塔。但是，中国的金刚宝座塔与印度类似形式的建筑又有着明显的不同，还拿真觉寺塔来说，如宝座上的短檐、斗拱，宝座顶上的琉璃罩亭，五座塔的大小比例关系等等方面，都存在着非常明显的中国特色。首先，前面的那些基本结构，具有非常明显的中国传统建筑风格。其次，真觉寺的五塔之间的大小虽然有差别，但是并不夸张，而印度的佛陀伽耶大塔的五座塔之中，中间的塔比周围的四座塔要大很多，比例严重失调。

主塔与副塔相差极大的佛陀伽耶大塔

拱形门　　　　　　　　　　真觉寺塔

　　真觉寺塔的内部是用砖头砌的，在砖头的外面则包着一层青白石头。整个塔的最下面，是一个长方形的须弥座式的台基，完全用石头堆砌而成的。在台基的上面，就是金刚宝座的座身，一共分为五层，每一层都有具有中国建筑特色的短檐伸出来，这些用石头做成的短檐上面都精心地雕刻出了筒瓦、勾头、滴水、橡子的样子。

　　宝座的南北两个面上正中的位置，各开有一座拱形的门，从这两个门都可以进入塔室的内部。塔室内部的中心处有一根方形的塔柱，柱子

宝座

的四面都有一座佛龛。在塔室里面的东西方向上，都有石头修建的台阶，一直延伸到宝座顶上。顺着台阶，到了宝座顶部，有一座专门用来挡风避雨的罩亭。这座罩亭是典型的中国传统建筑风格，但是它的存在却与周围的五座塔非常和谐地融合在了一起，充分体现了本土建筑文化与外来建筑文化之间相互融合的创造性。罩亭是琉璃砖仿木结构的，南北两个方向上各有一座拱门，从门里出来就是宝座的顶部台面，台面四周安装了一圈石护栏，高 0.66 米。

宝座上面，罩亭的北侧，正是那五座密檐式的石塔。石塔是方形的，中间的那一座最高，分为十三层，大概 8 米高，周围的四座塔略矮一些，十一层，7 米多一点。中间那座高塔上面的塔刹是铜制的覆钵形状，周围四座的塔刹则是石制的。

真觉寺塔是我国现存建筑年代最早、雕刻艺术最精美的金刚宝座塔，堪称我国明代建筑艺术和石雕艺术的杰出代表，更是中外建筑文化有机融合的成功范例。

中国佛塔的演变与发展，既反映了我国古代建筑文化的丰富多彩、建筑技艺的高超，又反映了我国古代劳动人民的智慧和创造才能。数以千计的各种古塔点缀在华夏大地上，像一颗颗璀璨的珍珠折射着中华民族文化的光辉。

四、让天堑变通途的桥梁

水,是生命之源。傍水而居,是人类在生存、发展过程中自然形成的。世界上著名的几大古老文明,其发源地都离不开水。古巴比伦的两河流域、古印度的恒河流域、古中国的黄河流域,无论是哪一个,都是水系极为发达的地域。

逢山开路,遇水架桥。水多的地方,要想实现人类活动的便利,桥梁自然应运而生。桥梁在中国古代建筑之中占据了重要的地位。中国古代的桥梁大体上可以分为四类:梁桥,浮桥,索桥,拱桥。根据建筑材料、建筑样式细节的不同,每一大类下面又可以分为很多小类。比如梁桥,就可以细分为木梁桥和石梁桥。林林总总,不一而足,我国古代的桥梁形式丰富多样。

中国古代桥梁简史

毫无疑问,桥梁史也是中国文明史不可缺少的一部分。最原始的桥梁,应该就是用一根木头搭建的独木桥,独木桥的技术含量并不是很高,只需要一根结实的木头而已。独木桥最早是什么时候出现的?这还真的没有文字史料可以查证。到目前为

浮桥

止，最早出现在文献记载上的桥，大概是西周初期周文王的时候。当时周文王为了迎亲，在渭水上用船搭建了一座浮桥，也就是所谓的"亲迎于渭，造舟为梁"。

《史记》中记载，在公元前257年，也就是秦昭王的时候，山西蒲州的黄河上曾修建了一座大型的浮桥。春秋战国时期，我国除了浮桥之外，还出现了使用桥墩修建的梁桥，这种梁桥的出现说明当时我国的桥梁建造技术已经得到了相当水平的发展。

根据古代著名的地理学著作《三辅黄图》记载，秦始皇的时候，曾经在渭水上修造了一座多跨梁式桥，到了汉朝的时候，这种样式的桥梁就更加常见，现在我们还可以在汉代的画像砖上看到它们的踪迹。《三辅黄图》里面主要记载的内容，就是秦、汉都城的建设情况。书中的内容非常丰富，涉及都城及其周围的布局、宫殿、馆阁、苑囿、池沼、台榭、府库、仓库、桥梁、文化设施等。

《三辅黄图》书影

拱桥和索桥，在汉代也开始出现。公元前207年，汉朝开国皇帝刘邦麾下的大将樊哙，就曾经在陕西褒城马道驿的寒溪上建造了一座铁索桥。这段记载，出现在樊河桥的碑石上，而这块碑石则是明嘉靖八年（1529）立起来的。虽然这段历史未必一定精确，但毫无疑问的是，我国的桥梁历史绝对是超过了2000年的。

我国古代的桥梁，一开始的用途，肯定是为了实用。但是，随着桥梁建造技术的不断发展，在满足了实用性的基础上，人们

《清明上河图》上的汴梁虹桥

又开始逐渐注重桥梁的艺术性。事实上，历史上留下的很多古代桥梁，已经不仅仅是古人高超技术的体现，还反映了古人丰富的想象力和高超的艺术水准。

《清明上河图》上的汴梁虹桥，犹如一道长虹横跨在汴河上，让人情不自禁地想起了牛郎织女鹊桥相会的神话故事。太原的晋祠之中，有一座历史超过 1500 年的十字桥，叫作"鱼沼飞梁"，造型十分别致，就像一只大鸟展翅欲飞，"飞梁"之称确实名副其实。扬州瘦西湖上的"五亭桥"，桥的上面有五个亭子，别有情趣，下面更是有十五个桥洞，每当月圆之夜，每一个桥洞与水中的倒影都构成了一轮圆月，远远看去，水中之月与天上之月相映成趣。北京的卢沟桥，上面的石狮子各不相同，姿态万千，仔细品味，极具艺术价值，让人叹为观止。

五亭桥

数千年的历史，跌宕起伏，一条条河流，哺育着智慧的中华儿女，一座座姿态各异的桥梁，彰显着中华儿女的智慧。那些在中国桥梁史上具有里程碑意义的典型桥梁，更是像一颗颗珍珠，点缀在中华大地之上，向世人展示着中华文化的源远流长，博大精深。

篇幅所限，这里我们仅介绍其中一些典型的桥梁，管中窥豹，从这些古代桥梁的精品之中，足以领略我国古代桥梁的风采所在和古代劳动人民的不朽智慧。

自古此桥多销魂——灞桥

灞桥，是我国十分著名的一座古桥，位于西安城的东方，灞水的上面。灞水，更早的时候叫作滋水，春秋五霸之一的秦穆公称霸西戎的时候，将滋水改名为灞水，同时在上面修建了桥梁，这就是灞桥。从秦穆公那时算起，灞桥的历史可就有 2600 多年了。

灞桥遗址

公元 22 年，灞桥附近暴发了水灾，当时的皇帝是篡夺了汉朝皇位的王莽，他认为这件事情是因为灞桥的名字不吉利导致的，于是就下令将桥的名字改成了长存桥。不过，这座古老的灞桥到了隋唐时期，就已经基本被废弃了。公元 503 年，也就是隋朝的开皇三年，在古灞桥下游 300 米的地方，又重新修建了一座新的灞桥，这座灞桥一直使用到了元朝才被废弃。

灞桥桥墩遗址

　　古老灞桥遗址的发现，其实也带有几分偶然性。1994 年，当地人在灞河里面取沙，意外地发现了古老的灞桥遗址。整个遗址的总长度大约有 400 米，桥墩的样子像一只船，足有 9 米多长，2 米多宽，残存的高度还有将近 3 米。两个桥墩之间的距离是 5 米多。桥墩的下面是用条石铺成的底座，呈长方形，其中的长边长达 17 米，它的下面则布满了

古老的灞桥桥墩

用木桩构成的桥基。2004 年国庆节，一场大水过后，又有 10 座隋代的桥墩从泥沙中被冲了出来，整个残长约 100 米。

　　隋唐时期的灞桥到了元朝时期被弃用之后，明清两代，人们又在灞水上多次修建了新的灞桥，但是也多次被毁坏废弃。公元1781年，也就是清乾隆四十六年，陕西巡抚重新修建灞桥，但是规模上已经不如过去了。1834年，即清朝道光十四年，当时的陕西巡抚按照过去的样式，再次对灞桥进行了改造修建。重新改造后的灞桥，桥长380米，有72个桥孔，每个孔的跨度在4米到7米不等。中华人民共和国成立后，再次对该桥进行了改造扩建，将石板桥变成了钢筋混凝土桥，很好地满足了现代公路交通运输的需要。

现代的灞桥夜景

　　古代的灞桥，地理位置十分重要，它连接着西安东边的各主要交通干线。正因为如此，灞桥也成了古人送亲友远行的送别之地，按照唐朝的惯例，亲友送别的时候还需要折下杨柳枝相赠。天长日久，"灞桥折柳"也就成了特定的习俗。自古离别总伤情，无数文人墨客也因此留下了很多脍炙人口的文学作品。自然，灞桥也落下了"情尽桥""断肠桥""销魂桥"等别称。

　　灞桥，是我国到目前为止发现的时代最早、规模最大的多孔石拱桥。

唯一的一座十字形桥梁——鱼沼飞梁

鱼沼飞梁位于山西省太原市的晋祠中的圣母殿前，是我国少有的一种十字桥梁形式。晋祠最初修建的时间是公元 384 年到 534 年的北魏时期，修建的目的是纪念晋国的始祖唐叔虞。公元 1023 年到 1032 年的北宋天圣年间，人们对晋祠进行了重建。在重建的过程中，为了纪念叔虞的母亲，特别增修了一座宏伟的圣母殿。鱼沼，就是养鱼的池子。不过，古代把圆形的池子称为"池"，方形的池子则叫作"沼"。所以，所谓的鱼沼，就是

飞梁二字

一个方形的养鱼池。鱼沼，正好位于圣母殿的前面，是人们利用了圣母殿前的泉水特别构建起的一处景致。

"飞梁"，其实就是架设在鱼沼上的一座桥梁，因为它的造型就好像张开翅膀要飞起来的一只大鸟。在鱼沼之中，立着 34 根八角形的石头柱子，每一根柱子的截面面积大约 30 平方厘米。这些石头柱子的作用，就是用来支撑十字形的桥面。柱子上面是相交的普柏枋（一种建筑构件），枋的上面安置了大斗（斗拱结构中的最下面的部分），大斗上面是十字相交的承重梁，梁的上面则是铺上厚度为 3 厘米的半圆形松木板作为桥面。这是鱼沼飞梁最早的结构，1953 年对其进行修复的时候，又在松木板桥面上铺了一层油毡，然后在油毡上又铺了一层 5 厘米厚的灰土层，

鱼沼二字

鱼沼飞梁全景

再在灰土层上铺上灰色的方砖，形成了现在我们看到的方砖桥面。

正桥是东西方向的，桥面长 15.5 米，宽 5 米，高出地面 1.3 米，东西两边分别与圣母殿和献殿相连接。翼桥是南北方向的，桥面长 18.8 米，宽 3.3 米，两端逐渐向下倾斜一直到岸边，就像鸟儿的两只略微下垂的翅膀。

站在鱼沼飞梁的平台上，可以环视周围包括圣母殿、水母殿等在内的景象，还可以俯视池中的各色游动的鱼儿。岸上的殿宇、古树倒映在水中，相映成趣，给人一种身在画卷之中的感觉，情趣盎然。

鱼沼飞梁的造型十分独特，历来受到桥梁史学专家们的重视和高度关注。

最早的铁索连船浮桥——天津桥

天津桥，是我国古代曾经存在过的一座桥梁。这座桥修建在洛阳附近的洛水之上，而洛水被古人称为天河、银河，天河上的渡口则被称为天津，这就是天津桥名称的由来。

天津桥的修建时间是隋朝的大业三年，即公元 607 年。刚建

隋天津桥遗址

好的时候，它是一座浮桥，是用大铁链子将大船联结在一起，再在船上平铺上木板建成的，整座桥的长度在 500 米左右。天津桥是我国有

记载的第一座铁链联结船只架设的桥梁。桥的两头各修建了两座重楼，用来固定那些联结大船的铁链。这些铁链的位置可以调节，当时的管理人员会根据河水的涨落情况，及时调节铁链位置的高低，确保整个桥梁随时可以安全地发挥作用。同时，为了方便高大的楼船通过，整个桥体还可以根据需要自由开合，这确实是我国古代桥梁史上了不起的创举。

洛阳八景之天津晓月的复原图

唐朝建立之后，天津桥被不断改造，到了贞观十四年，即公元640年，天津桥就被彻底改造成了一座用方石作为桥墩的固定桥梁。武则天执政的时候，再次命人重修了被洪水冲毁的天津桥，这一次重修将原先的方石桥墩改成了龟背形，还用石块砌筑河岸，以减少流水对桥体的冲击，确保了桥基的稳固。天津桥也就成了我国桥梁史上最早以龟背形桥墩为支撑的桥梁，龟背形桥墩是一个

吴佩孚修的天津桥遗址

伟大的创举，它把我国的造桥技术向前推进了一大步。不过，在后来的历史发展过程中，天津桥经常被冲毁，虽然也屡次被重修，但是到了元

朝的时候，它还是被彻底废弃了。

隋唐时期，天津桥横跨在穿城而过的洛水上，是连接洛水两岸的交通枢纽，正西方向上是神都苑，苑东的洛水北岸处有一座上阳宫。桥的正北方向上是皇城（太微城）和宫城（紫微城），桥的南边则是里坊区，十分繁华热闹。

世界上独一无二的卢沟桥

卢沟桥是我国北方现存的最长的一座古桥，也是北京地区现存的最古老的一座联拱石桥。卢沟晓月是著名的燕京八景之一，卢沟桥上的石狮子，那更是堪称一绝。

卢沟桥全景

公元 1188 年，当时的北京地区处于金朝的统治之下，金朝的皇帝金世宗完颜雍为了方便人员的往来交通，就决定在卢沟河修建一座石桥。

但是，很遗憾的是还没有来得及动工修建，金世宗就在第二年年初病逝了。好在继位的皇帝金章宗继承了上一任皇帝的遗志，在1189年六月，正式下令修建卢沟桥，用了3年的时间，在1192年春天终于修建完成。

卢沟晓月碑

　　卢沟桥的本名叫广利桥，其含意不言而喻，只不过在民间人们还是习惯叫它卢沟桥。整个明朝时期，卢沟桥一共经历了6次维修，但都不是大的工程。到了清朝康熙年间，永定河发洪水，卢沟桥被严重冲毁，桥上很多的古迹都被冲走失踪了。1698年，康熙皇帝再次命人重修卢沟桥，还专门在桥的西头立了石碑，将重修卢沟桥的事情详细地记录了下来。因此，通常所说的卢沟桥有800余年历史，是把新旧两个桥的时间算在一起，我们现在所看到的其实是康熙重修后的卢沟桥，只有300余年的历史。

落日下的卢沟桥

卢沟桥上的斩龙剑

卢沟桥东西全长 266.5 米，南北宽 7.3 米，全用白石砌成，有桥拱 11 孔，桥墩 10 个。桥墩与桥墩之间的距离并不是相等的，从两边向中间呈现逐渐增大的趋势，中间的一孔跨度最大。卢沟桥的桥墩设计很有意思，就好像一只平面的船，朝着水流的那一面被砌成了尖尖的形状，也就是所谓的分水尖，类似于船的船头。分水尖上还都装上了长度大约 26 厘米的三角形铁柱，尖锐的一端朝着外面，看起来就像一柄柄利剑，人们形象地把它们称为"斩龙剑"。

卢沟桥老照片

清朝重建后的卢沟桥在建筑工程技术上是非常值得称道的，它的桥基与桥墩之间的结构非常合理，整个桥体非常坚固。永定河的河床是

卢沟桥上造型各异的石狮子

数米厚的鹅卵石和黄沙，为了预防桥基下沉，匠人们采用了在桥的基础下打桩的方式增强河床的抗压能力。经过现代先进的仪器测量发现，卢沟桥的 10 个桥墩的高度差并不是很大，除了 2 号和 9 号桥墩的高度差达到了 12 厘米之外，其他桥墩的高度差都在 10 厘米以内。这样的结果足以说明数百年以来，桥墩的下沉真的是很微小的，整个桥的基础也确实是非常坚固的。1973 年，有一批超过了限重的大件设备需要运送过永定河，但是卢沟桥附近的新桥设计载重却远远低于要求。这种情况下，相关部门决定还是使用古老的卢沟桥。在此之前，相关部门还是进行了一次科学测试，结果发现古老的卢沟桥竟然能够承受得住一台重达 429 吨的大型平板车的碾压。

卢沟桥在工程上坚固无比，在艺术上也是成就卓著。卢沟桥两旁共有 281 根汉白玉栏杆，这些栏杆上雕刻着形态各异的石狮子，这些石狮子分别雕刻于金、元、明、清四个朝代，大大小小加起来有 500 多只，而且特别精确的数据，似乎还没有定论。所以，关于卢沟桥的石狮子，还有一句很有意思的歇后语"卢沟桥的石狮子——数不清"。1962 年，有关部门专门进行了一次清点，费了九牛二虎之力后，一共找到了 485 只。当时，人们以为这一次清点已经完全弄清楚了石狮子的数量。但是，谁也没有想到，在随后的 20 多年时间里，人们又在复查的过程中陆陆续续地发现了一批之前没有清点到的石狮

石狮子

子，使得总数达到了 501 只。因为有了这个先例，所以到目前为止谁也不敢说完全数清楚了卢沟桥上的石狮子。

家喻户晓的赵州桥

赵州石桥什么人修？
玉石栏杆什么人留？
什么人骑驴桥上走？
什么人推车轧了一趟沟？

赵州石桥鲁班爷爷修，
玉石栏杆圣人留，
张果老骑驴桥上走，
柴王爷推车轧了一趟沟。

李春雕像

这是一段民间脍炙人口的歌舞小戏《小放牛》的唱词，里面的内容都是关于赵州桥的神话传说。神话传说总是十分美好的，鲁班是中国建筑工匠公认的祖师爷，他是春秋时期的人物，而赵州桥却是隋代的建筑，所以鲁班绝对不可能是修建它的人。

赵州桥又被称为安济桥，坐落在河北省石家庄市赵县境内的洨河上，因桥体全部用石料建成，所以当地人也把它叫作"大石桥"。赵州桥的确切修建时间是公元595 年到 605 年之间，当时正处于隋朝时期，是由当时的著名工匠李春设计修建的，已经有 1400 多年的历史了。赵州桥是当今世界上现存的第二早（最早的是小商桥）、保存最完整的单孔敞肩石拱桥。

著名建筑学家梁思成先生当年拍摄的赵州桥照片，已经破坏得比较严重了

今天的赵州桥

赵州桥是一座敞肩式单孔的圆弧弓形石拱桥。全桥总长 64.4 米，单孔的跨径 37.02 米，桥高 7.23 米，两端宽 9.6 米。赵州桥的设计完全合乎科学原理，施工技术更是巧妙绝伦。从整体上来看，赵州桥的设计至少有五个方面的特点：

第一，桥台短小轻巧，桥基浅，拱脚低，但坚固程度却出人意料。桥台是位于桥梁两端、支承桥梁上部结构并和路堤相衔接的部分。桥台对保证一座桥梁的稳定性和耐久性具有至关重要的作用。一般的桥梁，都会采用加筑长后座和深打桥桩等方法来确保桥台的稳定性。很显然，这样的做法费工费力。令人意外的是，赵州桥的桥台只有 1.549 米厚，长 5 米，宽约 10 米，而且直接安置在天然的土层之上。一座如此巨大，自重达到 2800 吨的石拱桥，桥台居然如此短小轻巧，而且还是直接建筑在天然的地基上，这确实是世界古代桥梁史上的一

敞肩结构

个奇迹。

第二，全桥只有一个独立的大拱。中国古代习惯上把弧形的桥洞、门洞之类的建筑叫作"券"，也称为拱券。一般石桥的拱券，基本上都是半圆形的，如果按照这样设计的话，跨度37.02米的赵州桥的桥洞高度将会达到18.52米，整个桥看起来就会像一座小山包一样，对交通通行的影响会很大。赵州桥的券只是一段圆弧，看起来更像一张弓，这样的设计不仅很好地降低了桥的高度，也减少了修桥的石料与人工。

第三，"撞"空而不实。"撞"指的是券的两肩部位，一般石桥的撞都是实的，赵州桥的撞却是空的，也就是所谓的"敞肩"结构。具体来说，就是大拱的两肩上，各有两个小拱。其中，两边靠近桥边缘部分的小拱的跨度大约是4米，靠近内侧的小拱的跨度要小不少，只有2.72米。大拱的肩上修建小拱，这种设计是非常具有创造性的。这样的设计，不仅节约材料，更能够大大地减轻桥身的重量，而且，在洪水到来的时候，还可以增加桥洞的泄洪量，减少洪水对桥身的冲击。

桥与倒影相映成趣

第四，独立的大拱是由28道独立的石拱纵向并列组合而成的，每一个独立的石拱大约用到40块条石，每一块石头的长度在1米左右，宽度在25厘米到40厘米不等，厚度1米略多一点，重约1吨。修建的时候，为了整体结构的稳定性，工匠们在相邻石拱的石块之间加了铁钉进行了勾连，通过这些铁钉将28道独立的石拱连成了一个整体。这样的设计，好处是很明显的，桥体在使用的过程中，即便是哪一块石头出现了问题，只需要将这一块石头更换掉就行，十分方便，还不会影响到桥上的交通。因为在更换某一个石拱中的石头的时候，其他的独立的石拱依然发挥着作用，支撑着整个桥面。

独立的小拱

第五，全桥的结构十分匀称，和周围的景色相得益彰，相映成趣，十分和谐；桥上石栏石板中的雕刻，也是古朴美观，极具艺术魅力。桥的两侧共有栏板42块，每一块石板上都有形象生动的浮雕。石栏望柱共计44根，大部分都被雕刻成了竹节的形状，其中一些望柱的顶上还有狮子头雕像，十分精致优美。赵州桥高度的技术水平和不朽的艺术价值，充分显示出了我国劳动人民的智慧和力量。

精美的浮雕

苏州第一桥——宝带桥

宝带桥，又名长桥，与赵州桥、卢沟桥等合称为中国十大名桥。宝带桥的修建时间是唐朝的天和十一年到十四年，即公元816年到819年，前后经历了4年的时间。宝带桥的修建，与当时的漕运有着密切的关系。自古江浙一带被称为鱼米之乡，是历代重要的赋税来源之地。从隋炀帝开凿了江南的大运河之后，漕运就成了将江浙地区的钱粮运送到北方京城的重要手段。在苏州到嘉兴，也有一段运河，这一段运河是南北方向的，到了冬季的时候，河上运送钱粮的漕船就不得不逆风而行。这种情况下，只有依靠大量的纤夫在岸上拉纤，才能保证船只顺利航行。但是，偏偏就在澹台湖与运河交接的地方，一条叫作玳玳河的河流直接将纤道切开了一个宽约三四百米的缺口。这种情况下，要想确保纤夫们能够顺利拉纤，就必须想办法把这段缺口的问题给解决掉。当时，首先想到的办法是填土修建堤坝。但是，经过仔细衡量之后，这个方法还是被否定了。

于是，以桥代替堤坝的思路就出现了，而且这个思路逐渐得到了认可，并成了势在必行的事情。于是，当时的苏州刺史王仲舒果断地下令修建桥梁，而且带头将自己的一条玉质宝带捐献了出来，用作修桥的资金。宝带桥的名字，也就是由此而来的。

蓝天白云下的宝带桥

宝带桥建成之后，确实大大地方便了纤夫，很好地助力了当时的漕运工作。经历了宋朝和元朝之后，宝带桥曾经因为长期缺少维修保护而坍塌。明正统年间（1436—1446），庐陵人周忱如以工部右侍郎的身份巡抚苏州的时候，与苏州知府及吴县、长洲两县的知县一起商议，决定重建宝带桥。这次重修之后的宝带桥，共有桥洞 53 个，其中有 3 个桥洞特别高大，能够让巨型的船通过，现在我们看到的宝带桥的样式也就是这一次重修之后的样式了。遗憾的是，在 1863 年的时候，被当时的清政府邀请过来镇压太平军的英国洋枪队头目戈登，悍然下令拆掉宝带桥的第 9 孔桥洞，结果直接导致其北端的 26 个桥洞都崩塌了。抗日战争初期，日本军队又炸毁了宝带桥剩下的南端的 6 孔桥洞。现在我们看到的完整的宝带桥，是 1956 年修复的。

宝带桥桥面

　　宝带桥的全长将近 317 米，是一座连拱石桥。全桥一共有桥洞 53 个，总的孔径长度将近 250 米，桥面宽度 4.1 米，南端引桥长 43.8 米，北端引桥长 23.4 米，桥头呈喇叭形展开，宽度比桥身处的桥面宽度大不少，达到了 6.1 米。桥的两端各坐落着一对雄伟挺拔的青石狮子，桥的北端还有一座四出的碑亭和一座五层的八角形石塔。在第 26 与 27 孔之间的水盘石上，也同样有一座碑亭和一座石塔。

宝带桥

　　宝带桥数百米的桥面有着明显的高低起伏，究其原因主要是因为第14、15、16三孔正好处在主航道的位置上，所以这三个孔的跨度要比其他的孔明显大很多。整个桥面，从13孔的位置开始，逐渐抬高，到15孔处达到了最高点，然后到17孔的地方又恢复到了正常的高度。宝带桥是一座薄墩联拱桥，桥墩的宽度只有60厘米，与最大的孔径之比只有1：12。这样的设计，既能够增大泄洪的面积，又能够减少洪水对桥身的冲击。但是，薄墩联拱也有一个致命的弱点，如果有一个桥孔倒塌的话，和它相连的两个桥墩也会因为失去平衡出现倒塌的危险，最终甚至可能出现多米诺骨牌一样的连锁反应，导致整个桥全部倒塌。很显然，宝带桥的设计者也注意到了这个问题，所以在北起第27号桥墩做了特殊的处理，不仅采用了两个桥墩并列的形式，而且桥墩的总宽度更是达到了2.23米，比其他桥墩宽3倍还要多。在长度上，这个特殊的桥墩也比其他桥墩长了80厘米。这样的桥墩，在现代的技术上，被称为是单向推力墩。不仅如此，在这座特殊的桥墩上还安放了一尊石塔，虽然取名叫作"镇妖"，但主要目的还是为了增加单向推力墩的总重量，对桥墩起一定的保护作用。

宝带桥青石狮子

"镇妖塔"

宝带桥的拱石并没有使用灰浆进行砌合，而是采用了带有榫头、卯眼的石块拼接，类似于木质建筑中的榫卯结构。由此可见，宝带桥的建造者完全掌握了联拱的特性，采用的修建方法非常具有科学性，充分地反映了我国古代能工巧匠们的惊人智慧。宝带桥的桥体宏伟壮丽，像一条宝带，古人称赞它是"长虹卧波，鳌背连云"。

宝带桥也被称为小长桥，这是因为在苏州还有一座叫作长桥的多孔联拱桥，那座桥总长大约500米，有72座桥孔，比宝带桥多出了整整19孔。长桥，也叫垂虹桥，它与宝带桥是苏州两座十分著名的长桥，很遗憾的是垂虹桥现在只残存了11孔，而且在水面上能够看到的其实只有4孔而已。

宝带桥就好像一条宝带一样，平展在大运河畔，见证了历史，也给人们带来了美的享受。

远观如宝带

因诗得名的枫桥

月落乌啼霜满天，

江枫渔火对愁眠；

姑苏城外寒山寺。

夜半钟声到客船。

　　唐代诗人张继的一首《枫桥夜泊》名扬天下，一座叫作枫桥的小桥也进入了人们的视野之中。枫桥不大，坐落在苏州阊门外的枫桥镇上，原先的名字其实是封桥，张继的诗出名之后，封桥也就正式更名为枫桥。

　　枫桥是一座单孔的石拱桥，具体是什么时候修建的已经无法考证，但是，从张继本人的生卒时间倒是可以推证一件事情，那就是这座因诗而得名的小桥至少有

《枫桥夜泊》诗意画

一千二三百年的历史了，因为张继本人是唐玄宗天宝年间，即公元742年到756年之间的进士，他的生活年代应该是公元8世纪。历史上的枫桥，在公元1860年即清朝的咸丰十年的时候被毁掉了。现在，我们看到的枫桥已经是公元1867年，即清朝同治六年重新修建的。

　　现在的枫桥，桥长为39.6米，宽5.7米，石拱的跨度为10米。桥的西坡踏步有28级台阶，桥的东

枫桥

灯光下的枫桥

坡则落在了铁岭关之中，下了桥就能进入铁岭关。

枫桥诗碑

枫桥的历史十分悠久，而且因为它靠近寒山寺这座名刹，再加上周围的风景十分优美，自然也就成了历代文人墨客热衷的地方，留下了无数脍炙人口的诗篇。可以说，在枫桥这个地方，真的是"诗因桥而添彩，桥因诗而扬名"。

铁索桥中的佼佼者——泸定桥

泸定桥是一座铁索桥，位于中国四川省西部的泸定县城西大渡河上，建成的时间是清朝康熙四十五年，即公元 1705 年。清朝政府下令修建这座铁索桥，主要是出于经济发展的需要和军事的需要，同时也兼顾了当地百姓的出行安全。泸定县位于四川到康定的必经之路上，是一处交通要害之地，地理位置十分重要。康定地区的各种特产要想运出去，内地的各种基本生活物资要想运进来，都必须通过这个地区。在没有泸定桥之前，人们只能冒着极大的风险，利用简陋的交通工具来往两地，不但十分不方便，而且十分危险。

泸定桥

所以，为了加强内地和康定少数民族地区之间的联系，当时的清朝政府决定在合适的地方修建一座铁索桥，经过认真勘探选择之后，最终选择了大渡河谷相对较狭窄、地势略平、水势较缓的泸定城边作为建桥的地址。泸定桥修建好了之后，康熙皇帝专门为此写了一段文字，立碑在桥的东侧，这就是现在我们看到的《御制泸定桥碑记》。碑文之中，康熙皇帝亲自给新桥赐名——泸定。

泸定桥桥长 103 米，宽 3 米，枯水期的时候桥面距离水面的距离14.5 米左右。整个桥体由 13 根铁链组成，其中 9 根作为底索，上面可以铺木板，剩余 2 根平均分布在两侧作为扶栏。铁链固定在两岸桥台落井里，平均长度大约 128 米，每根铁链的扣数在 841 扣到 903 扣不等，一共加起来 12164 个铁环相扣。13 根铁链的总重量达到了 21 吨，其他的部件重量加起来是 19 吨，所以整座泸定桥的总用铁量达到了 40 余吨。

铁链　　　　　　　　　　　　　　　　　　粗大的铁扣

9根底索之间的距离大约33厘米，上面先横铺上一层长3米、厚度在4厘米左右的木板，每块木板之间并不紧挨着，而是间隔了大约25厘米的距离。这样的铺设，是为了抗击大风，当大风吹到桥面的时候，可以从间隔空中直接过去。横板的上面，又铺了一层纵向的走道板，中间铺三道，两边各有一道，这些走道板才是人们在过桥的时候真正行走的地方。由于泸定桥是铁索结构的桥，桥面又足够宽，所以除了行人可以通过之外，牲畜也是可以从上面行走通过的。

过去的泸定桥

桥的两端是石头砌成的桥台，在桥台的后面则是4个宽2米、长5米、深6米的落井。在落井的底部，有用生铁铸成的直径在14厘米到20厘米的铁柱子深埋在土里，这些铁柱子就是所谓的地龙桩，东桥台那边有7根，西桥台那边有8根，总重量达到了1800斤。另外，还有一根4米长的桩锚横在地龙桩的下面，这根桩锚正是固定铁链的地方。桥台上修建了亭子，一方面是为了防止雨水进入落井之中腐蚀铁链，另一方面这里还可以作为控制泸定桥开启或者关闭的关卡。

俯视泸定桥

泸定桥之所以能够闻名海内外，与红军二万五千里长征过程中飞夺泸定桥的英雄事迹相关。1935年5月，红军在长征的过程中，来到了大渡河畔的安顺场。此时，红军是前有堵截之敌，后有围追之敌，局势十分危急。但是，安顺场这个地方水急浪恶，根本无法架桥，红军也没有足够的渡船可以使用。这个时候，蒋介石更是叫嚣着要让红军成为第二个石达开，因为当初太平天国的石达开就是被围困在这里最终被清军剿灭的。危急时刻，以毛泽东为代表的中共中央军委决定，部分红军沿大渡河两岸分别上溯，抢在敌人之前夺取泸定桥，从泸定桥上实现横渡大渡河的战略转移。5月29日，经过一个昼夜240里的急行军之后，由王开湘任团长、杨成武任政委的先头部队成功到达泸定桥，并顺利占领西岸和泸定桥的西桥头。

这个时候，为了阻止红军过桥，敌人已经将泸定桥上的木板都撤走了，只剩下了光溜溜的13根铁链子。面对这样的局面，先头部队紧急动员之后，组成了以廖大珠为队长的22人夺桥突击队。当天下午4点的时候，突击队冒着敌人的枪林弹雨，攀爬着铁链，向对岸发起了冲锋。跟在突击队后面的是三连，战士们除了武器，每人都带着一块木板，一边前进一边铺桥。

飞夺泸定桥油画

突击队刚刚冲到桥头，敌人为了阻止红军，做出了最后的疯狂的举动，直接放火准备烧毁桥亭。但是，突击队员们勇往直前，毫无畏惧地朝着火堆就冲了过去。经过大约 2 个小时的激战，红军先头部队成功地夺取了泸定桥和泸定镇，为红军胜利完成战略大转移立下了赫赫功勋。

"红军不怕远征难，万水千山只等闲。五岭逶迤腾细浪，乌蒙磅礴走泥丸。金沙水拍云崖暖，大渡桥横铁索寒。更喜岷山千里雪，三军过后尽开颜。"毛泽东同志的一首七律《长征》，将红军大无畏的革命精神和气概描写得淋漓尽致。

1961 年，泸定桥被国务院定为全国重点文物保护单位。1977 年，国家重修了泸定桥，改建了桥头建筑，修缮了红军楼，建立了展览馆，专门展出红军飞夺泸定桥的战斗史料。

点缀园林如明珠——中国园林中的那些桥梁

中国园林，作为世界三大园林体系之一，不仅历史悠久，而且独树一帜。园林中的景致，虽然大多来自人工设计，但是却一个个巧如天成。无论是亭台楼阁，还是小桥流水，或者奇石假山，或者名花异草，相映成趣，相得益彰。桥梁，自然也是园林之中不可缺少的一个细节。园林之中的桥梁，与大江大河之上的桥梁，各有特色，各有风采。

1. 紫禁城里的金水桥

金水桥是北京紫禁城，也就是故宫里面的一座汉白玉材质的石拱桥，因为横跨在金水河上而得名。

金水桥其实并不是只有一座，而是整整 12 座，分为外金水桥和内金水桥。外金水桥有 7 座，分别在天安门城楼下面 5 座，太庙（现在的劳

动人民文化宫）和社稷坛（现在的中山公园）前面各有一座。这7座金水桥之所以叫外金水桥，是因为位于天安门外的这条金水河叫作外金水河。内金水桥5座，位于太和门前广场，所谓内，自然是相对于外而言的，太和门前的金水河被称为内金水河。

五座内金水桥

12座金水桥中，5座内金水桥是单孔的拱券式结构，7座外金水桥则是三孔拱券式，造型秀美，与周围的建筑相映成趣，引人入胜。其中，外金水桥与皇城、宫城（紫禁城）都是明朝初期的建筑。当初，明成祖朱棣决定定都北京的时候，就开始修建皇城和紫禁城。开始修建的时间是1406年，即永乐四年，到了1420年，用了14年的时间基本修建完成。其中，天安门（当时称为承天门）是1417年修建的，太庙是1420年修建的，社稷坛则是1421年修建的，随着这些建筑的建成，它们前面的外金水桥也随之配套完成了。

天安门前的外金水桥

天安门前的 5 座金水桥各自正对着一个城门门洞，另外 2 两座外金水桥分别对着太庙和社稷坛的大门。按照封建时代的等级规矩，这些金水桥可不是随便一个人都有资格行走的。比如天安门前 5 座中最中间的那一座，只有皇帝才有资格走，所以也被称为"御路桥"。其他的，也只有王公大臣们才有资格走。

外金水桥近景

天安门外，五座气势恢宏的外金水桥与周围的城楼、华表、石狮等建筑相互映衬，错落有致，透露出一派富丽堂皇、庄严典雅的"天朝气象"。

2. 北海公园里的金鳌玉蝀桥

北海公园在北京市西城区故宫的西北方向上，面积有 70 多万平方米，其中水面的面积大约占到了全园面积的 60%。自然，这里的各种建筑之

金鳌玉蛛桥老照片

间，都免不了以各种样式的桥梁相连通。金鳌玉蛛桥正是其中最著名的桥梁之一。

金鳌玉蛛桥原名金海桥，又名御河桥、北海大桥。元代的时候，团城还是个小岛，为了通行方便，这里修建了两座木桥，分别叫东木桥和西木桥。不过，这两座木桥却并不是直接连接在一起的，中间需要用一条船来连接，当船顺行停放的时候，两座桥就是连通的，如果将船横过来，桥就处于断开的状态了。

金鳌玉蛛桥全景老照片

明朝的时候，木桥被废弃，改成了一座石拱桥。当时的桥总长为156.73米，桥宽9.48米，分为9个孔。9个孔的跨度并不相同，其中中

金鳌牌坊

间的一个孔最大，达到了 5.74
米，然后向两侧依次减小，最
小的孔只有 3.2 米，但又保持
两两对称，即一九、二八、
三七、四六诸孔分别对称相等。
但是，桥的 8 个桥墩的厚度却
是完全一样的，都是 7.84 米，
桥墩的厚度都大于桥孔净跨
径，桥墩下面没有分水尖墩台，
但是每个石拱的券顶处却都有
一个螭状的吸水兽头，这应该
是这座桥特有的造型了。

玉蝀牌坊

金鳌玉蝀这个名字的由
来与原先桥两头的两座牌坊
有关，这两座牌坊是明朝的嘉靖皇帝让人修建的，其中桥东的牌坊
匾额写着"金鳌"两个大字，桥西的牌坊匾额则写着"玉蝀"两个
大字，所以，这座桥就被称为"金鳌玉蝀桥"。

1954 年牌坊被拆除，桥名也改成了北海大桥。改建后的金鳌玉蝀桥，保持了原桥的风格，桥面向南侧加宽，从9米多加宽到34米，桥身长度增加到了220米，桥面改成了沥青路面，大桥的九孔只保留中间的第五孔让水流通过，其余的八孔桥洞则全部用砖堵死，只用来当做装饰。这次改造让这座园林古桥获得了新生，适应了新时代的交通要求。

改建后的金鳌玉蝀桥

3. 颐和园里的十七孔桥

颐和园位于北京的海淀区，是我国著名的古典园林，也是清朝皇帝的行宫花园。颐和园的前身为清漪园，修建于1750年，当时乾隆皇帝为了祝贺他母亲六十大寿，专门修建了这座皇家园林。1888年，慈禧太后挪用海军经费对这座当年被八国联军破坏的清漪园进行了重建，并且就此改名为颐和园。

十七孔桥正面图

颐和园主要由一山一水组成，一山就是万寿山，一水就是昆明湖。其中，湖水的面积占据了整个园的四分之三，里面有小岛、石舫、长堤等等景点。自然，桥也成了其中不可缺少的景致之一。颐和园里的桥，也是千姿百态，其中的一些更是颇有名气。

十七孔桥是飞跨在昆明湖东堤与南湖岛之间的一座石拱桥。此桥修建的时间是乾隆年间，全桥的长度为150米，高度8米，由17个桥洞组成，是颐和园里面最大的石桥。从建造特点上来看，十七孔桥结合了卢沟桥和苏州宝带桥的特点，整个桥面从两端向中间微微隆起，就好像是长虹饮涧，又犹如初月出云。

十七孔桥上的石狮子

十七孔桥的桥洞之所以会修成17个，这里面其实是很有讲究的。封建时代的皇帝一般被称为九五之尊，所以九这个数字是皇帝们最喜欢的数字。十七孔桥，无论从哪一端开始，到正中的最大孔桥洞的数量都正好是9个，其中寓意不言而喻。

十七孔桥倒影成趣

十七孔桥建造得挺拔坚固，两边的白玉栏杆上一共有 128 根望柱，每一根望柱上面都雕刻着大大小小的石狮子，神态各异，雕工特别精美，大小加起来居然达到了 544 只，比卢沟桥上的石狮子数量还要多。这些活灵活现的石狮子，有的母子相抱，有的玩耍嬉闹，有的你

八角亭

追我赶，有的凝神观景，个个惟妙惟肖，充满了灵性。此外，两侧桥头还各有两只很像麒麟的大水兽，十分威武。桥东端有一座亭子，叫作八角亭，是我国现存的亭子中最大的一个。这座亭子气势雄伟，秀丽壮观，和十七孔桥相映生辉，是颐和园中重要的景点之一。

4. 瘦西湖里的五亭桥

瘦西湖在江苏省扬州市，它实际上是一条河。扬州这个地方，历来都是市场繁华之地，无数的达官贵人和富商巨贾云集。六朝以来，瘦西湖这个地方就已经成为风景名胜，隋唐之后，这里的规模更加恢宏，自然山水的美与人工园林艺术有机地融合在一起，美妙绝伦，其影响更是完全可以与杭州的西湖相媲美。清朝诗人汪沆有一首诗："垂杨不断接残芜，雁齿虹桥俨画图。也是销金一锅子，故应唤作瘦西湖。"瘦西湖的名字，就是从这首诗来的。这首诗里面提到的"销金锅"则指的是西湖。

俯瞰瘦西湖

瘦西湖的面积有 46 公顷，沿岸修建了很多的小园子，这些小园子自成系统，各具特色。鼎盛时期，瘦西湖里著名的风景区有 24 处，景点 100 多处。瘦西湖以水取胜，山水相映，连结水中各景点的自然就是各种样式的桥梁。所以，瘦西湖中的名桥也是不少，比如五亭桥、大虹桥等。

五亭日落

　　五亭桥，可以称得上是瘦西湖的标志，也被叫作莲花桥。它位于扬州北门外莲性寺（旧名法海寺）后面的瘦西湖水道上，是中国古代十大名桥之一，有"中国最美的桥"的美称。莲性寺正好在水的中央，就好像一朵出水的莲花一样，寺庙的后面是一条叫作莲花梗的堤，而五亭桥正好就修建在莲花梗上，这就是别称莲花桥的由来。

五亭桥

近看五亭

五亭桥的修建时间是清朝的乾隆二十二年，即公元1757年，当时的两淮巡盐史高恒为了拍乾隆皇帝的马屁，在乾隆皇帝第二次下江南时，专门请了能工巧匠精心修建了这座桥梁。整个五亭桥的长度是57.99米，一共有大小15个桥洞，洞洞相连，洞洞相通，最大的一个桥洞的跨度达到了7.13米。12个桥墩，大小和形状也是各具特色，主轴线上的桥墩最大，中间的两个成"土"字形，左右两个则是长方形的，主轴线两侧还有四对相互对称的方形的，所有的桥墩都是用长方大青石堆砌而成。

五亭桥上建有极富南方特色的五座风亭，挺拔秀丽的风亭就像五朵冉冉出水的莲花。亭上有宝顶，亭内绘有顶画，亭外挂着风铃。五亭桥最大的特点是阴柔与阳刚的完美结合，南秀和北雄的有机融合。五亭桥是仿造北京北海的五龙亭和颐和园的十七孔桥的风格修建的。

中国著名桥梁专家茅以升曾经这样评价：中国最古老的桥是赵州桥，最壮美的桥是卢沟桥，最具艺术美的桥就是扬州的五亭桥。

5. 西湖断桥

西湖，又称西子湖、武林水、钱塘湖、金牛湖，是浙江杭州的名胜之地。西湖风景区水域辽阔，有水有桥。西湖中的桥不仅是为了连接交通，更是不可缺少的风景点缀。苏堤六桥、断桥、长桥，西湖里面的名桥可是不少。

断桥，又被称为段桥、宝祐桥，坐落在里西湖和外西湖的分水点上，一端跨着环湖北路，一端连接着白堤。现在的断桥，是 1921 年重修后的单孔的石拱桥。

夏日断桥

关于断桥名字的来历，一般有两种说法。其一是说从孤山来的路到这里就断了，这里正好有一座桥，因此而得名断桥。其二是说在南宋的时候，桥上曾经有一座木头亭子，冬天下雪的时候，雪落到了亭子上导致桥上没有雪，远远地看过去，本来与路相连的桥就好像断开了一样，所以桥就被称为了断桥。断桥残雪，也是著名的西湖十景之一。

当然，关于断桥，最有名气的还是白娘子和许仙断桥相会的故事，正是这个故事让断桥名气大振，蜚声海内外。

断桥相会邮票

五、各具特色的中国民居

民居，就是民间的居住建筑。中国的民居，是中国传统建筑中一个不可缺少的组成部分，更能够体现出不同地区的自然环境特征和人文环境特征。

中国的疆域十分辽阔，不同的地方自然环境差异和人文环境差异都很大，直接导致了中国民居拥有了让世界瞩目的多样性。民居建筑不像官方建筑那样严格规范，它完全是根据当地的自然条件、经济水平和建筑材料特点，因地因材来盖房子。因此，民居也最能够体现出劳动人民的智慧。北京的四合院、广东的镬耳屋、蒙古族的蒙古包、陕西的窑洞、福建的土楼等等，都是中国民居中极具特色的存在。

话说四合院

说起四合院，马上想起来的就是北京，北京四合院实在是太出名了，说它是北京的名片，一点也不夸张。四合院的存在历史非常悠久，也不只是北京地区才有。

根据史料记载，早在我国的西周时期，四合院其实就已经出现了。考古学家在陕西岐山凤雏村发现的西周四合院可以说是到目前为止人们发现的历史最悠久的四合院。虽然，发现的时候这座西周时期的四合院只剩下了一个遗址，但是四四方方的轮廓结构，里面的房间院落分布特征，依然清晰可辨，实实在在的就是一座相当工整的二进四合院。

四合院

　　到了汉朝的时候，四合式的院落结构就已经变得十分常见了。成都出土的东汉画像砖上的庭院图，就是十分工整的四合院的格局。到了宋朝的时候，四合院就更多了。不过，四合院这种建筑形式发展成熟的时期，则是元、明、清这三个朝代。

　　公元1271年，忽必烈建立元朝，将首都定在了北京，从此北京的城市建设开始得到划时代的发展。元大都也成了那个时代举世闻名的大都市，胡同和四合院也成了元大都的基本特色。

　　明成祖朱棣将都城从南京迁到北京的同时，将数以万计的富户分别从浙江、山西等处迁入了北京城，大大推动了北京经济的发展。与此同时，到了明朝，制砖技术也得到了空前的发展，为建筑业和住宅建设的发展打下了坚实的基础。不仅如此，明朝时期住宅建设方面的理论也得到了很好的发展，出现了一批相关方面的专著，比如《鲁班经》《三才图会》等，从这些图书中也可以清楚地看到明朝的住宅风格仍然沿袭了元代四合院的形式。

四合院老照片

清朝定都北京之后，完全承袭了明代北京城的建筑风格。清朝最有代表性的居住建筑是宫室式住宅，其实就是官僚、地主、富商们居住的大中型四合院。所以，清朝也就成了北京四合院发展的巅峰时期。

庭院深深

四合院这个名称里面的"四"字，指的是东、南、西、北四个方向；所谓"合"，顾名思义就是把四面的房间围在一起，形成一个四四方方的"口"字形的结构布局。四合院最显著的特点之一，就是整体结构给人一种四平八稳的感觉，主体上讲究中轴对称。合院以中轴线贯穿，北房为正房，东西两方向的房屋为厢房，南房的门向北开，所以叫作倒座。有钱或人口多时，可建前后两组合院。有钱的人家摆阔气，甚至可以建设三个或四个合院。四合院中，长辈住北房（上房），中间为大客厅（中堂间），长子住东厢，次子住西厢，佣人住倒房，小姐、女儿住后院，大家各得其所，互不影响。

北京四合院设计与施工比较容易，所用材料十分简单，青砖灰瓦，砖木结合，混合建筑。以木构为主体标准结构，重量轻，如遇地震，很少会震倒，这说明合院的防震性还是很好的。四合院整体的建筑色调是灰青色，给人一种朴素的印象。其他地区的四合院也与北京四合院在大体结构上基本相同，只是在规模上有大有小，有高有低，式样也略有差异。首先，北京四合院的中心庭院从平面上看基本为一个正方形，其他地区的民居有些却不是这样的。譬如山西、陕西一带的四合院民居，院落是一个南北长而东西窄的纵长方形，而四川等地的四合院，庭院又多为东西长而南北窄的横长方形。

庭院秋色

四合院虽有一定的规制，但规模大小不等，大致可分为小四合、中四合、大四合三种：

小四合院一般有三间北房，一明两暗或者两明一暗。东西厢房各两间，南房（倒座房）三间。院内铺砖墁甬道，连接各处房门，各屋前均有台阶。

院内一角

中四合院比小四合院宽敞，北房一般会有五间，东、西厢房各三间，房前有走廊用来避风雨。中间会用院墙将整个院落隔分成前院（外院）和后院（内院），院墙上面开出月亮门，连通前后院。一般来说，前院的进深会比较浅一些，会有一两个房间被当作门房使用。后院是家里人日常居住的地方。

大四合院习惯上也被称为"大宅门"，一般是复式四合院，即由多个四合院向纵深相连而成。院落极多，有前院、后院、东院、西院、正院、偏院、跨院、书房院、围房院、马号、一进、二进、三进等，占地面积极大。

小型和中型四合院一般是普通居民的住所，大四合院则是府邸、官衙用房。

一个完整的四合院，是由很多单独的建筑组成的，这些单独的建筑都有着各自独特的功能，了解这些建筑的独特功能，对于我们进一步了解四合院这种民居建筑的特点和文化内涵都是十分有意义的事情。

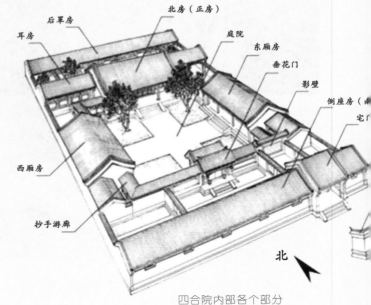

四合院内部各个部分

北京四合院的大门又叫作街门、宅门，是四合院与外界沟通的通道，一般都位于整个院落的东南侧，既有"紫气东来"之意，又是占据八卦中的巽位，即风位，有招财的意思，寓意财源滚滚。根据主人的地位等级不同，四合院的大门又分为王府大门、广亮大门、金柱大门、蛮子门、如意门、墙垣式门（门楼）等几种不同的形制，后来随着西洋式建筑圆明园的修建，又出现了大量的中西合璧式的门楼，被百姓形象地称为"圆明园式"门楼。进入大门之后，首先看到的往往是一道影壁。影壁在四合院中通常起到遮挡视线、美化视线和突出大门的作用。

大门

倒座房是整个四合院中最南面的一排房子，后墙因为是临街的，所以一般不会开窗，自然采光就不会太好。这里的房间，一般都是用来给仆人住的。大门、倒座房、里面一点的垂花门和两侧的游廊共同围成了四合院的前院。前院一般都是主人会客办公的地方，要想进入四合院的后院，就必须通过垂花门，过了垂花门之后，就是四合院的生活区了。

影壁

垂花门又称二门，开在内院、外院之间的隔墙上，也坐落在院落的中轴线上。俗话常说的"大门不出，二门不迈"，就是指不迈出垂花门从后院跑到前院。后院里的房，也是名称各异，功能各异。给一家之主居住的正房，子孙居住的东西厢房，主人家女儿居住的后罩房，当作厨房和仆人居住地的裙房等等。

廊是连接不同房间的有顶建筑，主要是方便在雨雪天的时候行走。根据所连接的房间不同，修建的位置不同，四合院里的这些廊又可以细分为檐廊和游廊。四合院除了内宅、外宅的主要院落之外，还会形成一

四水归堂

些小的院子，也就是所谓的庭院。庭院里面，可以养花种树，也可以放置鱼缸养鱼。庭院可以视为四合院之中家人休闲的地方。

北京的四合院讲格局，讲款式，讲气派，重传统，整个院落布局严整、敞亮，使人有雅静舒适之感，而老北京四合院，天下闻名。北京四合院之所以有名，还因为它虽然是居住建筑，却蕴含着深刻的文化内涵，是中华传统文化的载体。北京四合院亲切宁静，庭院尺度合宜，把大地拉近人心，是十分理想的室外生活空间，庭院方正，利于冬季采纳阳光。

中国江南地区住宅的平面布局和北方的"四合院"基本上是一样的，差别就是南方的院子都比较小一些，称为天井，作为排水和采光之用。在当地，也把这种结构称为"四水归堂"，因为下雨的时候，各个屋面内侧坡的雨水都会流到天井之中。屋顶上铺的是小青瓦，室内则多用石板铺地，非常适合江南温湿的气候环境。

福建土楼

福建土楼，是我国东南极具地域特色的民居建筑。福建土楼的分布区域，并不仅限于福建，也包括了邻近的广东省。福建土楼最早大约出现于宋元时期，到了明末清初的时候，这种风格的建筑趋于成熟。

宋元时期，是福建土楼的形成阶段。这个阶段的土楼，规模一般都比较小，结构也很简单，基本都是长方形或

土楼群

田螺坑土楼

者正方形的。明朝，闽南地区的经济得到了极好的发展，与中原地区的交流也变得十分密切，建筑方面自然也就受到了影响，无论是规模还是形制，包括功能上，都发生了很大的变化。到了清代，闽南地区的加工业快速发展，经济再次得到飞速发展，人口也出现了大量的增长，人们对居住条件的要求也越来越高，直接导致了更大规模的土楼建筑的出现。到了清末民初，外来文化的进入也在一定程度上影响了土楼的风格，进而导致这个时期的土楼形成了规模宏大、类型多样的特点。

土楼建筑有一个很重要的特点，就是安全性很高。福建土楼属于集体性建筑，是一种为了族群安全而设计的自卫式民居建筑。这一点，自然也与历史上福建地区的特殊人文环境有着密切的关系。福建地区的客家人，基本是为了逃避内地的战乱，不远千里举族迁移而来。与此同时，福建地区因为邻近大海，很长一段时间内，经常受到来自海上倭寇的侵扰。如此，对记忆中战乱

土楼群俯视图

的恐惧，对生存环境中种种危险的防御，使得这些到了异地他乡的客家人自然而然地在居住方面选择了这种防御性极强的建筑方式。一个土楼，基本上就是一个小小的族群，同一个祖先的子孙生活在一起，既有利于家族的团结，又能够很好地抵御外来的危险，一举两得。

　　福建土楼的建筑材料主要包括土、沙石、竹木，基本都是可以就地取材的。出于抵御外来危险的考虑，土楼的外墙都会造得比较厚，能有1到2米，一般都是下厚上薄。建造的时候，首先要打好地基。在地基所在的位置，先挖出又深又大的墙沟，夯实之后埋入大块的石头作为基础，再用石块和灰浆砌成完整的墙基。在墙基上，再夯筑墙壁。墙壁的原料主要就是当地的黏质红土，再加入适量的小石子和石灰。一些关键的地方，还会加入适量的糯米饭、红糖，增加黏性。另外，在土墙中还要加入一些杉木枝条或者竹片，以增强墙体的拉力，颇有些像钢筋混凝土结构中的那些钢筋。墙体的外面，还会抹上一层石灰，能够很好地起到防止风雨侵蚀的作用。

　　土楼的形状很丰富，圆形、半圆形、方形、四角形、五角形、交椅形、畚箕形等，各具特色。不过，现存的这些土楼中，最引人注目的还是圆形的。二宜楼，可以说是圆形土楼中的代表性存在。

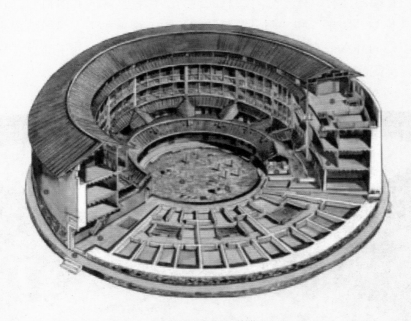

福建华安二宜楼

　　二宜楼是清朝的蒋士熊建造的，从1740年开始建，到1770年正式

二宜楼实景

建成，历时 30 年，正好是清朝的乾隆时期。二宜楼建成的时候，安溪县的进士刘瑞紫题写了楼名"二宜楼"。二宜楼坐落在福建省漳州市华安县仙都镇大地村，占地面积达到了 9300 平方米，直径 73.4 米，底层的墙体厚度达到了 2.53 米，通高 16 米，是福建省内同类型建筑中单体最大的。

二宜楼在防御方面同样是非常值得称道的，1934 年国民党军队为了抓人曾经围攻二宜楼整整 3 个月，还动用了迫击炮，也没有能够突破防御。现在，在二宜楼的南墙上还可以找到当初残存的弹孔。

二宜楼内还有一处十分有意思的地方，那就是院内有两口井，它们分别被称为"阴泉"和"阳泉"，和整体的土楼组成了太极图的形式。这两口井的井水很有意思，不论井外的温度如何，两口井里的水温都会相差 1 摄氏度。

二宜楼内阴阳泉

　　二宜楼内共有壁画 226 幅，总面积达到 593 平方米；彩绘 228 幅，总面积达到 99 平方米；木雕 349 件，楹联 163 副。这些在福建众多土楼中是独有的，在中国古民居中也是十分罕见的，堪称民间艺术珍品。二宜楼的建筑布局独具特色，防卫系统独创，构造与众不同，装饰精巧华丽，被誉为"圆土楼之王""神州第一圆楼"。

　　2008 年 7 月 6 日，福建土楼在加拿大魁北克举行的第 32 届世界遗产大会上，被正式列入《世界遗产名录》。福建土楼与北京四合院、陕西窑洞、广西"栏杆式"、云南"一颗印"，并称汉族五大传统样式住宅。

洪坑土楼

　　关于福建土楼，还有一段特别有意思的轶事。在 20 世纪 60 年代的冷战时期，福建土楼曾被美国误认为核弹发射井。当时，美国人通过间谍卫星拍下无数土楼俯视图片。在这些图片中，这些土楼看起来非常像核弹发射井。美国人研究了将近 20 年的时间，却始终无法破解这 1500 座"核弹发射井"中的"机密"。一直到 20 世纪 80 年代，美国人才从其他渠道得知他们一直认为是"核弹发射井"的存在只不过是福建南部居民世代居住的土楼。

陕西窑洞

　　窑洞是中国最具有地域特色的古老民居样式，是独特的汉族民居形式，主要存在于陕甘宁地区的黄土高原地带。中国陕甘宁地区，厚达数十米的黄土层，独特的黄土土质，为窑洞的出现创造了得天独厚的条件。中国的劳动人民因地制宜，创造性地利用了高原特有的地形条件，凿洞而居，创造了被称为绿色建筑的窑洞建筑。窑洞也成了陕北人民

的象征、古老的黄土地深层文化的象征，具有十分独特的汉族民俗文化和民族风情。

靠崖式窑洞（崖窑）

窑洞有很多独特的地方，比如它很好地体现了人与自然和睦相处、共生的关系，建造的时候省材省料，居住时，冬暖夏凉，坚固耐用。

传统的窑洞，不管是外观还是内部空间，都是圆拱形的，这样的形状十分自然，还非常符合力学要求。窑洞拱顶式的样式，很好地将顶部土层的压力分到了两边的墙体之上，保证了窑洞整体重心的稳定，使得整个窑洞获得了极强的稳固性。

窑洞在中国出现的历史非常悠久，早在周朝的时候，黄土高原地区就出现了很多的窑洞。我国最早的诗歌总集《诗经》之中，就有"陶复陶穴"的描写，"陶复"和"陶穴"指的其实是两种不同类型的窑洞。其中，"陶穴"这种样式的窑洞，也叫作下沉式地坑院。这种窑洞在建造的时候，是先在平地上挖一个长方形的大坑，五到八米的样子，然后将坑的四周削成直立的崖面，再在这些崖面上开挖窑洞。到了唐宋时期，窑洞的种类已经非常丰富，分成了不同的功能。比如暗庄、明庄、四合院庄等等。到了明清时期出现了俗称堡子的小城堡，就是用高大的土墙将一组窑洞围起来，是为了防御兵灾和盗贼。

从材质的角度来讲，陕北的窑洞大体上可以分为土窑洞、石窑洞和砖窑洞三大类。土窑洞指的是利用黄土的特性，直接挖洞造室修成的窑洞。

下沉式窑洞（地坑院）

石窑洞则指的是用石头作为建筑材料修建成的石拱洞。砖窑的式样、建筑方法和石窑洞一样，差别就是所用的材料是砖头。同时，因为砖头的大小一致，整体效果上确实比石窑洞显得美观整齐。

从功能上看，窑洞的种类就更丰富了。有用于登高放哨、防御强盗的高窑；有用于储藏贵重物品或粮食的拐窑。另外还有诸如客屋窑、厨窑、羊窑、中窑、柴草窑、粮窑、井窑、磨窑、车窑等等各种不同用途的窑洞。

似穹庐的蒙古包

"敕勒川，阴山下，天似穹庐，笼盖四野。天苍苍，野茫茫，风吹草低见牛羊。"一首南北朝时期流传下来的民歌《敕勒歌》，展现在我们面前的是一幅大草原景象。"穹庐"，其实就是大草原上特色民居蒙古包。

蒙古包是蒙古族牧民居住的

蒙古包

整体移动的蒙古包

一种房子，适合牧业生产和游牧生活。在蒙古语之中，蒙古包其实是被称为格儿。蒙古包的叫法，是满语的说法，或者也叫作蒙古博，古代还被称为穹庐、毡包或毡帐。根据南宋人彭大雅所写的《黑鞑事略》记载，当时被称为穹庐的蒙古包有两种类型。一种是可拆卸的，就是随时根据需要拆卸组装，非常适合游牧的时候使用。一种是不可拆卸的，一旦建造起来之后，就不能随便拆装了，但是这种形式的穹庐却可以直接安放在巨大的牛车上，必要的时候，可以进行整体的迁移。

蒙古包这种房子，追根溯源的话，历史应该是很悠久的，历史上很多的游牧民族或长或短地都使用过类似的居所。在漫长的历史发展过程中，人类早期的用木杆作为主要支撑材料建筑形式，最终形成了两大流派：一种是中国鄂伦春人的传统建筑歇仁柱式（在鄂伦春语

歇仁柱式

里歇仁柱为"木杆屋"之意），尖顶的样式；另一种是蒙古包式的，即穹顶圆壁的样式。

蒙古包整体上呈圆形，四周的墙体是分成数块的，每一块的高度大约130—160厘米、长230厘米左右，蒙古语里面把这样的墙体结构称为"哈那"。哈那其实一般都是用条木编成的网状结构，与篱笆倒是有几分相似。几块这样的哈那连接，组合在一起，围成了一个圆形，然后在上面加盖上一个伞骨状的圆顶，伞骨的末端与侧壁连接在一起。构建好了整体的骨架结构之后，只需要在圆顶和四壁覆盖或围上毛毡，再用

绳索固定好，基本就算是大功告成了。普通的小型包只有四扇哈那，俗称四合包。至于大型的蒙古包，则可以有十二扇哈那。

哈那一般都是用条木编成的网状结构

蒙古包

蒙古包的门，一般放在西南或者东南的方位上。这样的设计，主要是为了预防来自西伯利亚的寒流。建造蒙古包的材料与其他建筑也不一样，没有任何的砖瓦土石，不是木头就是皮毛之类的东西。从大体上来分的话，蒙古包主要由架木、苫毡、绳带三大部分组成。

上面提到的"哈那"，属于架木的一部分，它有三个神奇的特性。第一是它具有很好的伸缩性。哈那的伸缩性与其平行四边形的网格形状有关系，具体表现在它的大小高矮可以根据需要随意调节，蒙古包要建得高一点的时候，就让哈那的网眼窄一点；反过来，如果要建得矮一点的话，就把哈那的

网眼拉宽一些。一般来说，雨季的时候需要搭得高一些，而风季的时候则需要搭得低一些。第二是巨大的支撑力。别看搭建这些哈那的材料只是普通的红柳，但是每一块哈那能够承受的压力可都达到两三千斤。之所以哈那能够承受如此巨大的压力，网眼结构可谓功不可没。第三则是外形的美观。哈那所有的材料是红柳，红柳具有轻而不折、打眼不裂、受潮不走形的特点。用来制作哈那的红柳，粗细一样，高矮相等，制作出来的网眼大小也基本一致。这样做成的蒙古包不仅符合力学要求，外形也匀称美观。

广东镬耳屋

成片的镬耳

镬耳屋是岭南的一种特色民居，这种民居建筑的得名主要是因为它山墙的形状很像"镬"——古代的大锅的耳朵，当地人也常把这样的山墙叫作"云墙"或者"茶壶环"。镬耳屋的建造材料主要有青砖、石柱和石板等。

过去，这种镬耳屋可不是一般人家有能力修建的，所以，镬耳屋也就有了象征建造者家境殷实的意义。究其原因，自然是因为这种样式的山墙建造起来很不容易，一方面是所使用的材料必须十分讲究，就比如所使用的青砖，必须是经过精心打磨的水磨青砖才算得上上乘的品质；另一方面，就是建造工艺的不简单，比如那镬耳部分，从房子的屋檐口一直到它的顶端部分，首先需要用两排瓦筒进行压顶，然后还需要用灰塑进行封固，最后的收口工艺更是整座建筑工程之中难度最高的，造价自然也是极高的。

镬耳屋的出现，传说与明朝时期的梁储有关系。这位叫作梁储的老太师在告老还乡的时候，皇帝问他还有什么诉求。梁储说自己只有一个请求，那就是希望能够每天都想到皇上，所以希望皇帝能够同意他在老家修建一座仿造皇家建筑风格的房子。面对这位老太师的请求，皇帝想了想之后也就同意了，因为他知道这位老太师不会做出过分的事情。后来，这位梁太师就在老家岭南修建了镬耳屋，同时，随着时间的推移，这种建筑样式也被流传和继承了下来。

镬耳屋

如果仔细看的话，镬耳屋的镬耳很像明朝文官的官帽，所以一开始的时候，只有官宦人家才有资格修建这种样式的房子。后来，随着这种建筑逐渐平民化，也就有了一种提醒家里的后代要好好读书，通过读书来改变家族命运、光宗耀祖的寓意和希望在里面。

实际上，镬耳屋两侧高耸起来的山墙，也叫封火墙，其实是具有多种实际用途的。首先，它既然也被称作封火墙，就说明它有

封火墙

阻止火势蔓延恶化的作用。镬耳屋山墙一般都是用双层砖砌成的，里面夹着空气层，具有非常好的隔热作用，万一发生火灾，能有效阻止火势蔓延而祸及邻居。

至于平时，镬耳山墙还可以阻挡太阳直射，减少屋内日晒所带来的闷热。当然，天朗气清时，这些高高的镬耳山墙就好像一双大手一样，将清风轻轻招进两侧狭长的巷道，然后顺势通过门窗灌入屋中，让屋中主人尽享天然清凉快意。

镬耳屋的内部是典型的"三间两廊"的格局。"三间"指的是排成一列的三间房屋，中间是厅堂，两侧是居室。三间房屋前面有天井，天井两侧的房屋就是"廊"，一般当作厨房或门房。当然，有的镬耳屋的间数不止这些，开间越多意味着等级越高。

六、人与自然的完美结合——园林艺术

园林是人们为了游览娱乐的方便，人工创造风景的一种艺术形式。园林的范围很广，既包括庭园、宅园、小游园、花园、公园、植物园、动物园等，也包括森林公园、广场、街道、风景名胜区、自然保护区或国家公园的游览区以及休养胜地等。

中国的园林艺术有着悠久的历史，商、周时代的"囿"其实就是最古老的园林，算起来距离现在已经有3000多年的历史了。中国园林有自己独特的民族特色和文化底蕴，是世界三大园林体系中的一个。中国的园林将传统建筑、文学、书画、雕刻和工艺等有机地融为了一体，在世界园林史上可谓独树一帜。

中国园林

我国地域辽阔，各个地区的地理、气候、物产等条件各不相同，直接导致不同地区的园林也带有明显的地域特色。从地域上来看，我国的园林一般被划分为北方园林、江南园林、蜀中园林和岭南园林。而从文化特点上来分，则可以分为皇家园林、文人园林、寺庙园林、邑郊风景园林。

中国园林

中国园林，不仅历史悠久，地域特色鲜明，还有几个十分显著的特点。一是取材于自然，高于自然。二是追求与自然的完美结合，力求达到"天人合一"的理想境界。三是高雅的文化意境。这些特点，是中国园林所特有的，也是世界上其他园林体系所不具备的。

中国园林简史

根据典籍的记载，我国的园林应该是起源于商、周时期。这个时期的园林被称为"囿"，其实就是圈起来的一块地方，里面景色优美，同时放养了很多禽类和兽类，方便帝王打猎游乐。当时，不仅是天子，那些诸侯们也都有自己的囿，只不过规格上是有严格的规定的，"天子百里，诸侯四十"。

文王之囿图

到了汉代，园林的名称变成了"苑"。相对于商、周时期的囿，汉代的苑已经带有了明显的人造景观特征，供帝王休息甚至临时办公的行宫开始出现。汉高祖的未央宫、汉文帝的思贤园、汉武帝的上林苑、梁孝王的东苑、汉宣帝的乐游园等，都是当时非常有名的园林。中国园林史一般把殷商至秦汉时期的园林发展历程称为第一大阶段。

汉代皇家园林——苑

汉代之后，是魏晋南北朝时期，这个时期私家园林逐渐得到了人们的青睐。但是，由于这个时期在中国的历史上也是一个大动乱的时期，无论是思想、文化还是艺术，都在冲突中发生着重大的变化，所以这个时期也成了中国园林发展的一个变革期、转折期。

魏晋南北朝时期的私家园林

到了唐宋时期，中国的园林逐渐走向成熟，自然山水园林和城市园林纷纷涌现。到了元明清时期，中国的园林发展也就达到了高潮，出现了诸如西苑三海（北海、中海、南海）、圆明园、清漪园、静宜园、拙政园等著名的园林，而且形成了系统的造园理论。

自然山水园林

历史的长河之中，中国的园林犹如群星璀璨，尽情地展示着中华建筑艺术的魅力和光彩。岁月更迭，一些园林因为各种原因消失，一些园林却完好地保存了下来，给今天的我们留下了一笔宝贵的物质财富和精神财富。

管中窥豹，略见一斑！下面，我们就简单地介绍几个中国园林中的精品，借此让我们了解一下中国园林艺术的风采和魅力。

江南古典园林的代表作——拙政园

拙政园在苏州，是一座有着400多年历史的私家园林，与北京颐和园、承德避暑山庄、苏州留园一起被誉为中国四大名园。

拙政园的最初修建者是明朝的一位御史，他叫王献臣。正德初年的时候，这位王御史官场失意，回到家乡之后就建造了一座园子，就是最初的拙政园了。园的名字是来自于晋代潘岳《闲居赋》中"……此亦拙者之为政也"这句话，大概是王献臣想以此表达当时自己官场失意的心情。王御史的园子确实修得很费心思，也很见功夫。1533年，

明朝吴中四大才子之一的文徵明曾经以园中的景色为蓝本，画了 31 幅佳作，还写了一篇《王氏拙政园记》。很遗憾的是，王御史死后不久，他的儿子一夜之间将偌大的园子给输掉了。随后，园子的主人就变成了姓徐的，徐氏子孙在这座园子里一共生活了 100 多年的时间。

冬季的拙政园

1648 年，当时已经是清朝的顺治五年，徐氏的后人在无奈之下，将园子以极低的价钱卖给了大学士海宁人陈之遴。只是，这位陈大学士 10 年之后就获罪被发配到了辽东，客死他乡，他本人甚至都没有能够看这座园子一眼。其后的数百年之间，从清朝到民国，拙政园的主人不断更迭，整个园子在这个过程之中更是被瓜分成了几个部分，或为"私人"宅园，或做"金屋"藏娇，或是"王府"治所，留下了许多诱人探寻的遗迹和耐人寻味的典故。

截至 2014 年，拙政园仍然是苏州现存最大的古典园林，占地 78 亩。全园以水为中心，山水萦绕，厅榭精美，花木繁茂，具有浓郁的江南水乡特色。

拙政园里的荷花

拙政园里的桥

现在的拙政园分为东、中、西三部分，里面的住宅都是典型的苏州民居风格，被布置成了园林博物馆展厅。现在的这些建筑，大多是清咸丰九年（1850）拙政园被当作太平天国忠王府花园的时候重建的。

东部原来叫作"归田园居"，大约31亩。早先的归园早就已经荒芜了，现在的全都是新建的，布局以平冈远山、松林草坪、竹坞曲水为主。主要建筑有兰雪堂、芙蓉榭、天泉亭、缀云峰等，都是移建的。

圆月门

中部是拙政园的主景区，是整个园子的精华所在，面积约18.5亩。总体布局以水池为中心，亭台楼榭皆临水而建，具有明显的江南水乡特色。总的格局仍保持明代园林浑厚、质朴、疏朗的艺术风格。

拙政园雪景

西部原来是"补园"所在，面积约12.5亩，这里水面迂回，布局紧凑，亭台楼阁都是依山傍水修建的。其中那些起伏、曲折、凌波而过的水廊、溪涧都是苏州园林造园艺术的佳作。

拙政园以水见长，早期的园子里面，人造的建筑其实非常稀疏，只有一堂、一楼和六个亭子，其他的都是树木山水等自然景观，林木葱郁，水色清雅，景色自然。

相比较而言，现在的拙政园中，建筑物的数量就要丰富得多了，山水景观

拙政园秋色

部分大约占总面积的五分之三。只有其中两座岛屿的布局，还带有明代的特点，几座亭台轩榭点缀其中，景区显得疏朗、雅致、天然。

自然，拙政园的这种布置风格也就形成了其以"林木绝胜"的特点。拙政园的这个特点，数百年来沿袭不衰。当初文徵明留下的王氏拙政园三十一景之中，三分之二都是植物题材的。

皇家园林博物馆——颐和园

万寿山雪景

颐和园是北京市的一座古代皇家园林，它的前身是清漪园，位于北京的西郊，占地约290公顷，与圆明园挨得很近。颐和园是我国目前保存最完整的一座皇家行宫御苑，被誉为"皇家园林博物馆"。

从明朝的时候开始，现在颐和园所在的这片区域里陆续开始出现了很多的园林，到了清朝乾隆初期，这一代的园林数量就更多了。但是，大量的园林直接导致这片区域的耗水量急速增加。乾隆十五年，即1750年的时候，乾隆皇帝为了准备自己母亲的六十大寿，就以治理京西水系的

万寿山远景

理由将西湖进行了拓宽深挖，并且在西湖的西部又开挖出了高水湖和养水湖，借此将来自西山、玉泉山、寿安山的水都拦截了下来，目的自然就是为了确保皇家园林的用水和周围农田的灌溉用水。

同时，乾隆皇帝还将加深拓宽后的西湖改名为昆明湖，将湖中挖出的泥土堆积而成的瓮山改名为万寿山。这两个名称，一直沿用至今。

1764年，清漪园修建成功。清漪园的总体设计以杭州的西湖为蓝本，同时又广泛地仿建了江南园林和诸多其他的山水名胜。当时，清漪园里的主体建筑是大报恩延寿寺，同时有一条长达700多米的长廊。园中能够用来办公和居住的建筑很少，所以当初乾隆皇帝在游览清漪园的时候，都是当天就返回皇宫，从来没有在园中居住过。

清朝从道光年间，尤其是 1840 年鸦片战争之后，国力明显衰弱，清漪园也因此逐渐被荒废。1860 年，这里更是被英法联军一把大火给烧毁了。1884 年到 1895 年期间，当时清朝的实际当家人慈禧太后又以光绪皇帝的名义下令重新修建了清漪园。但是，因为财力有限，所以这次重修只是集中在包括万寿山和昆明湖在内的核心区域，修好之后同时将园子的名称改成了颐和园。十分遗憾的是，

石坊

1900 年，颐和园遭到了八国联军的破坏，大量文物丢失或者被毁坏，虽然 1902 年有所修复，但是整体质量上已经明显下降。比如，许多高层建筑都不得不降低了高度，缩小了尺度。1924 年，颐和园被当时的民国政府开辟成了对外开放的公园，对普通民众打开了大门，逐渐成为北京地区的一个著名景点。

十七孔桥

颐和园鼎盛的时期，规模十分宏大，占地面积达到了 2.97 平方千米，其中水面占四分之三。园内的建筑以佛香阁为中心，大小景点共计 100 多个、大小院落 20 余处，共有亭、台、楼、阁、廊、榭等不同形式的建筑 3000 多间。其中佛香阁、长廊、石舫、苏州街、十七孔桥、谐趣园、大戏台等都已经是家喻户晓的名胜古迹了。颐和园饱含了中国皇家园林恢弘富丽的气势，又充满了自然之趣，高度体现了"虽由人作，宛自天开"的造园准则。

荷塘景色

皇家夏宫——承德避暑山庄

承德避暑山庄是清朝皇帝的夏宫，就是夏天避暑的时候居住的地方，所以当时也被称为热河行宫。山庄开始修建的时间是 1703 年，前前后后一共花了 89 年的时间才算完全建成，中间经历了康熙、雍正和乾隆三位皇帝。这三位皇帝之中，康熙和乾隆这两位皇帝几乎每一年都有大约半年的时间是在这座山庄度过的。

避暑山庄

总体来讲，89 年的时间，大体上分为两个阶段。第一阶段从 1703 年开始，历时 10 年，完成了开拓湖区，筑洲岛，修堤岸，营建宫殿、

亭树和宫墙等工程，使避暑山庄初具规模。第二阶段从 1741 年开始，历时 14 年，乾隆皇帝下令对避暑山庄进行了大规模扩建，增建宫殿和多处精巧的大型园林建筑。伴随着避暑山庄的修建，周围寺庙也相继建造起来。到 1792 年，即乾隆五十七年的时候，整个区域内的最后一项工程竣工，至此，先后历时共计 89 年。

长达万米的宫墙，因山势而蜿蜒起伏，将整个山庄环绕在了其中。整个山庄的布置还是很费心思的，完全就是一幅中国版图的缩影。除了宫殿区之外，山庄的东南部被布置成了湖区，以水为主，8 个小的岛屿将湖面分割成大小不同的区域，层次分明，碧波荡漾，颇有江南鱼米之乡的特色；西北部是山区，面积约占全园的五分之四，这里山峦起伏，沟壑纵横，植被繁茂；东北部是草原，地势开阔，有万树园和试马埭，一片碧草茵茵，典型的茫茫草原风光。

避暑山庄最大的特色是山中有园，园中有山

避暑山庄的宫殿区，占地达到 10.2 万平方米，坐落在整个园区的南部。其中，正宫是宫殿区的主体建筑，包括了九进院落，具体分成了"前朝""后寝"两大部分。正宫的主殿是用珍贵的楠木建造而成的，所以也被称作了楠木殿。宫殿区是皇帝在山庄时办公和居住的地方，在这里确实也发生了中国历史上很多的重大事件。

避暑山庄的湖

正宫主殿

避暑山庄最大的特色是山中有园，园中有山，大小建筑加起来达到了120多组，其中包括康熙和乾隆两位皇帝分别命名的72景，这祖孙两位各自命名了其中的36景，为了有所区别，爷爷命名的时候用的都是四个字，孙子命名的时候用的都是三个字。

避暑山庄周围的那些寺庙，风格各异，各具特色，按照建筑风格大体上可以分为藏式、汉式和汉藏结合式三大类。在当时，这些寺庙主要是用来给西部地区、北部地区少数民族的上层和贵族朝觐皇帝时礼佛用的。这样的寺庙，一共有11座，具体分属8座寺庙管辖，而这8座寺庙又是由清政府直接管理的，这些寺庙俗称"承德外八庙"。

外八庙就像一颗颗星星环绕着避暑山庄，呈烘云托月之势，象征着边疆各族人民和清中央政权的关系，反映了中国多民族国家统一、巩固和发展的历史进程。

外八庙

避暑山庄这座清朝皇帝的夏宫，用多种传统手法，融合了江南水乡和北方草原的特色，成为中国皇家园林艺术荟萃的典范。

蜀中园林之杜甫草堂

蜀中园林作为中国四大园林体系之一，有着其自身的特色。注重文化内涵的积淀，与历史上的名人轶事联系在一起，正是蜀中园林最大的特色所在。比如其中比较出名的杜甫草堂、武侯祠、薛涛之望江楼，都具有鲜明的蜀地特色和独特的历史故事。

杜甫草堂里的茅草屋

杜甫草堂，自然是与我国唐代的大诗人杜甫有着密切的关系。公元759年冬天，杜甫为了躲避安史之乱，带着家人来到了成都，在当地朋友的帮助下修建了一座茅草屋。房子所在的地方，正是成都西郊风景如画的浣花溪畔。诗人总是免不了浪漫的情怀，杜甫给自己的茅草屋取了一个很有意境的名字——成都草堂。在这个地方，杜甫生活了4年的时间，留下了247首脍炙人口的诗篇，其中不乏传世名篇。

杜甫草堂园林景区的大门

杜甫离开成都之后，草堂也就很快破落不存在了。到了五代前蜀的时候，诗人韦庄找到了杜甫草堂的遗址，再次在这里修建了茅草屋，意在"思其人而成其处"。后来宋、元、明、清几朝，人们又多次重修了这里。其中规模最大的两次重修分别发生在明朝（1500年）和清朝（1811年），可以说正是这两次大规模的重修奠定了杜甫草堂今天的规模和布局，将一座普通的茅草屋变成了一处集纪念祠堂和诗人旧居为一体的博物馆。

春夜喜雨园

今天的杜甫草堂，占地300多亩。三座具有纪念性的建筑物：大廨、诗史堂和工部祠，都坐落在中轴线上。大廨与诗史堂之间，通过回廊连接在一起，别有一番情趣。工部祠的前面，东侧紧邻花径，西侧靠着水槛；祠的后面，则点缀着亭、台、池、榭，给人的感觉又是另外一番风光。整个园林之中，既有遮天蔽日的香楠林，又有傲霜迎春的梅苑，还有清香四溢的兰园和茂密如云的翠竹

杜甫雕像

苍松，将人文景观和自然景观有机地融合在了一起，身在其中，既能够感觉到诗情，又能够领略到画意。

从宋朝开始，人们就尊称杜甫为诗圣，称他的诗是诗史，诗史堂的名号就是由此而来的。诗史堂中安放着古铜色的杜甫全身塑像，堂内悬挂有朱德、陈毅、郭沫若等人的题词。堂后有小桥连接柴门，过了柴门就是工部祠。

花径

祠堂之所以叫作工部祠，是因为杜甫曾经做过节度参谋检校工部员工郎的官，世人也因此以杜工部称呼他。祠内有明、清两代石刻的杜甫像，其中明朝万历三十年（1602）的那一尊石刻像，是草堂中现存最早的石刻杜甫像。

2001年底，大面积的唐代生活遗址和一批唐代文物在草堂被发掘出来，这极大地丰富了草堂的历史文化内涵，增加杜甫草堂的历史厚重感，给这块文学圣地增添了新的光彩。

工部祠

万园之园——圆明园

圆明园在中国古典园林中名气极大，是清朝最著名的皇家园林之一。

它坐落在北京的西北郊景色秀丽宜人的西山地带。在这片区域之中，分布着不少著名的园林名胜，比如与圆明园比邻而居的颐和园等。现在的圆明园景区，实际上是由圆明园、长春园和绮春园组成的，所以也被称为圆明三园。

圆明园鸟瞰图

圆明园的面积有 5200 多亩，包含了 150 处景致。其中建筑面积更是达到了 20 万平方米，一向有"万园之园"之美称。

1709 年，清朝的康熙皇帝将北京西北郊畅春园北边不远处的一座园子赏赐给了自己的四儿子，也就是后来的雍正皇帝。康熙皇帝还亲自将这个园子命名为"圆明园"，而且还亲笔书写了这三个大字。

电脑复原的圆明园

到了雍正皇帝继位的第二年，也就是 1724 年，他开始正式扩建圆明园。扩建后的圆明园，占地面积达到了 3000 亩左右。这里面，既有庄严宏伟的宫殿，也有轻松灵巧的楼阁亭台与回廊曲桥，假山、湖泊、河流点缀其中，各种组合搭配非常的完美。这个时候，圆明园的基本格局也就基本确定了。

乾隆皇帝继位之后，不仅调整了园内的一些景观，增添了一些建筑，还在圆明园的旁边新建了两个

现在圆明园中迷宫中间的亭子

园子，分别叫作长春园和绮春园。因为这三座园子的管理者都是圆明园管理大臣，所以三者一般习惯上也被称为圆明三园。

早期的时候，绮春园曾经是康熙皇帝赏赐给怡亲王允祥的花园，当时叫"交辉园"。后来，到了乾隆中期的时候，这座园子又被赏赐给大学士傅恒，改名"春和园"。后来，春和园最终被合并进入了圆明园，正式被称为"绮春园"。在后来的发展过程中，这里又陆续合并了附近的两处园子，而且进行了增扩建，最终达到了1000多亩的面积。

长春园是从1745年开始兴建的，到1751年基本建造完成，前后用了6年左右的时间，最终成为一个中西合璧、堪称完美的园林。圆明三园中，长春园是一个名副其实的水景园，水面面积占到全园面积的三分之二。长春园里靠北的一侧有一片欧式园林建筑，俗称"西洋楼"，包括谐奇趣、线法桥、万花阵、养雀笼、方外观、海晏堂、远瀛观、大水法、观水法、线法山和线法墙等10余个建筑和庭园。这个区域虽然占地面积不大，大约只是圆明三园总面积的百分之二，但却是成片仿建欧式园林的一次成功尝试。在东西方园林交流史上，具有很大的影响。

大水法遗址

已经回到祖国的 5 个青铜兽首

1860 年 10 月，圆明园遭受了灾难性的浩劫，英法联军先疯狂地掠夺了其中的各种珍宝，又放了一把大火将这座万园之园差点就夷为了平地。1900 年，八国联军入侵北京，西郊的皇家园林再次遭受劫难，刚刚被修复了小部分的圆明园再次被严重破坏。

中华人民共和国成立之后，政府十分重视圆明园遗址的保护，先后将其列为公园用地和重点文物保护单位，进行了大规模植树绿化。十几万株树木蔚然成林，多数建筑基址尚可找到，数十处假山叠石仍然可见，西洋楼遗址的石雕残迹颇引人注目。

现在圆明园的景色

圆明园海晏堂

卍字形建筑复原图

鼎盛时期的圆明园，建筑类型极其丰富，包括了殿、堂、亭、台、楼、阁、榭、廊、轩、斋、房、舫、馆、厅、桥、闸、墙、塔以及寺庙、道观、村居、街市，可谓应有尽有，几乎囊括了中国古代建筑可能出现的一切类型。建筑平面的布局有 38 种之多，除了常见的矩形、方形、圆形、工字、凹凸字、六角形、八角形之外，还有很多独特新颖的形式，如眉月形、卍字形、书卷形、十字形、田字形、曲尺形、梅花形、三角形、扇面形，乃至套环、方胜等，丰富无比。

圆明园的春色

圆明园可以说是那个时代古今中外造园艺术的大成。有金碧辉煌的宫殿，有玲珑剔透的楼阁亭台，有象征热闹街市的"买卖街"，有象征田园风光的山乡村野，有仿照杭州西湖的平湖秋月、雷峰夕照，有仿照苏州狮子林、海宁安澜园建造的风景名胜；还有仿照古代诗人、画家的诗情画意建造的景观，如蓬莱瑶台、武陵春色等。

圆明园既是中国人民智慧和血汗的结晶，也是中国人民乃至世界建筑艺术和文化的典范。

造园专著——《园治》

随着大量园林的出现，一批园林建造方面的专家也涌现了出来。同时，一部完整的造园专著也应运而生，它就是《园治》。

《园治》的作者叫计成（1582—？），字无否，号否道人，明朝末年松陵（现在江苏吴江）人。《园治》是计成53岁的时候写成的，用计成自己的话说，这时他已经"历尽风尘，业游已倦。"这部书可以说是明代造园方面的总结，价值很高。全书分为相地、立基、屋宇、装折、门窗、墙垣、铺地、掇山、选石、借景共10篇。

《园治》是一部完整的、系统的园林著作。概括起来，可以用16个字将全书的精髓提炼出来：巧于因借，精于体宜；虽由人作，宛如天开。其中，"虽由人作，宛如天开"是造园要达到的意境和艺术效果，是最高的境界。中国古典园林是以自然山水为模拟对象，园林中的山石、水面、建筑、绿化都要以自然界的存在为基础，经过合理的概括、提炼，最终达到"宛如天开"的境界。

《园治》是中国最早、最系统的造园著作，也是世界造园学最早的名著。当然，由于时代的局限，这本书也存在一定的缺陷。比如，书中对园林绿化、水的使用等造园过程中十分重要的内容并没有太多的涉及。不过，正所谓瑕不掩瑜，《园治》的历史地位还是不可忽视的。

七、中国的四大石窟

　　石窟，其实就是在山崖上开凿出来的石室，里面会有佛像或者有关佛教故事的壁画，往往也被称为石窟寺。最早的时候，石窟是印度的一种佛教建筑形式，后来随着佛教传入中国，这种建筑形式也一起传了进来。从北魏到隋唐这段时间，是中国石窟开凿最鼎盛的时期。现在保存下来的主要石窟群，都是魏、唐期间或者北宋前期的。

　　石窟艺术是一种典型的佛教艺术，其中的内容反映了佛教思想的发生、发展的过程。中国的石窟直接反映了佛教思想的汉化过程，是研究中国社会史、佛教史、艺术史及中外文化交流史的珍贵资料。

　　甘肃敦煌莫高窟、山西大同云冈石窟、河南洛阳龙门石窟、甘肃天水麦积山石窟，是中国著名的四大石窟群。其他的，诸如大象山石窟、大足石窟等，也是我国十分著名的石窟群。如此众多的石窟，大量的造像和彩绘，是我国宝贵的文化财富，弥足珍贵！

敦煌莫高窟

　　莫高窟，俗称千佛洞。莫高窟的第一个洞窟是公元 366 年开凿的，事情的起因据说还十分神奇。据说当时一位叫作乐尊的僧人路过这里的时候，突然看到了金光闪耀的景象，就好像有万佛显现一样，于是乐尊就决定在这个地方的石壁上开凿石窟。后来，又有一些僧人开始陆续地在这里修行，同时开凿洞窟。开始的时候，这里被称为"漠高窟"，就是沙漠高处的石窟的意思。后来，因为"漠"和"莫"这个字相通，这里也就被叫作了莫高窟。不过，关于莫高窟这个名字，还有另外一种解释。那就是在佛教的说法里面，修建佛洞是一件功德无量的事情，"莫高"的意思，就是没有比这个还要高的了，突显了石窟修建的重要性。

九层楼

在北魏、西魏和北周的时候，当时的统治者都是佛教的信仰者，在这些人的大力支持下，莫高窟发展很快，石窟的数量增加很明显。到了隋唐时期，随着丝绸之路的繁荣，莫高窟就变得更加兴盛，在武则天当政的时候，洞窟已经达到1000多个。

层层叠叠的石窟

敦煌飞天像

北宋至元代，莫高窟新建的石窟就很少了，主要是以重修、维修以前的石窟为主。到了元代之后，莫高窟的建造就完全停滞了。

1900 年，震惊世界的敦煌藏经洞被发现。但是，非常不幸的是，由于晚清政府的腐败无能，藏经洞文物发现后不久，就被一些西方探险家以不光彩的手段骗取了其中的大部分。大量珍贵文物的流散，是中国文化史上的一次空前浩劫。

莫高窟所在的位置是在敦煌东南方向的鸣沙山上，距离敦煌有 25 千米远。整个敦煌莫高窟占据了鸣沙山东麓崖壁共计 1680 米的范围，共有洞窟 735 个，分布区域的高度在 15 米到 30 米之间，1 到 4 层不等。其中里面有壁画和彩塑的洞窟是 492 个，壁画总面积达到了 4.5 万多平方米，彩塑 2400 多身。莫高窟的数百个洞窟大小差别很大，最大的洞窟面积有 200 多平方米，最小的还不足 1 平方米；洞窟里面的彩塑大小也是差别很大，最高的一尊弥勒佛坐像高度是 35.6 米，最小的一座却只有 10 多厘米。此外，洞窟之中的彩塑数量也各有不同，最多的有 11 身，最少的则只有 3 身。

卧佛

莫高窟所在山崖，土质比较松软，并不适合制作石雕，所以这里的塑像除了四座大佛是石胎泥塑之外，其他的都是木骨泥塑。这些塑像的形象十分逼真，充分体现了塑像者丰富的想象力和精湛的塑像水平，它们与周围的壁画相融映衬，相得益彰，共同构建了石窟内部独特的艺术空间。

精美的彩绘

诸菩萨、天王

敦煌石窟艺术中蕴含着十分丰富的建筑史资料。敦煌壁画描绘了自十六国至西夏期间成千上万座不同类型的建筑，包括了佛寺、城垣、宫殿、阙、草庵、穹庐、帐、帷、客栈、酒店、屠房、烽火台、桥梁、监狱、坟茔等等。这些建筑中，既有单体建筑，又有成院落布局的建筑群组。此外，壁画中还包括了丰富的建筑部件和装饰，如斗拱、柱坊、门窗以及建筑施工图等。这些建筑资料，从一个独特的视角展示了一部中国建筑史。可贵的是，敦煌建筑资料的精华，反映了北朝至隋唐400年间建筑的面貌，填补了南北朝至盛唐建筑资料缺乏的空白。

莫高窟现存492个有壁画和雕塑的石窟，主要属于北朝、隋唐、五代和宋、西夏和元五个时期。其中属于北朝时期的有 36 个；属于隋唐时期的最多，有 300 多个；属于五代和宋时期的有 100 多个；属于西夏的有 77 个；而属于元代的只有 8 个，这 8 个都是新开凿的，里面还出现了藏传佛教风格的壁画和雕塑。

莫高窟是世界上现存规模最大、内容最丰富的佛教艺术地。同时，多个洞窟外面存有较为完整的唐代、宋代木质结构窟檐，更是不可多得的木结构古建筑实物资料，研究价值极高。

发现敦煌藏经洞的王道士

洛阳龙门石窟

龙门石窟远景

龙门石窟位于河南省洛阳市洛龙区伊河两岸的龙门山与香山上。公元 493 年，北魏孝文帝迁都洛阳，龙门石窟从此开始诞生，从这个时候算起来，到目前为止已经有 1500 多年的历史。整个龙门石窟开凿的时间前后持续了有 400 多年，先后经历了东西魏、北齐、北周、隋唐、宋等朝代。所有的洞窟中，北魏洞窟约占 30%，唐代的占 60%，其他朝代的只占 10% 左右。

这些石窟，密密麻麻地分布在伊水两岸的两座山的峭壁上，蔓延长度达到了 1000 米，现在保存着的窟龛有 2345 个，大大小小的佛像加起来有 97000 多尊，其中最大的佛像高达 17.14 米，最小的则仅有 2 厘米。

有所破损的佛像

奉先寺是龙门石窟中名气最大的一组摩崖型群雕，不仅仅规模最为宏大，艺术也最为精湛。这个石窟是唐高宗初年开始开凿的，期间皇后武则天专门从自己的脂粉钱之中拿出了两万贯来进行了赞助，公元 675 年终于大功告成。整个石窟，长和宽都有 30 多米，里面的那些佛像个个都是面形丰肥、两耳下垂，形态圆满、安详、温存、亲切，带有非常明显的唐代艺术的特点。

奉先寺

龙门石窟最高大的一尊佛像就在这里，就是那尊通高达到了 17.14 米的卢舍那大佛。这尊大佛的头足有 4 米高，耳朵的长度也有 1.9 米，超过了绝大多数的成年男子的身高。据传说，这尊大佛的形象是参照了唐高宗的皇后武则天的样子，双眉弯如新月，一双秀目，微微凝视着下方，高直的鼻梁，小小的嘴巴，露出祥和的笑意。整尊佛像，宛若一位睿智而慈祥的中年妇女，令人敬而不惧，把高尚的情操、丰富的感情、开阔的胸怀和典雅的外貌完美地结合在了一起。除了这尊卢舍那大佛之外，奉先寺里还有其他几尊高大的佛像，比如老成持重的大弟子迦叶、温顺聪慧的小弟子阿难、雍容

卢舍那大佛

华贵的菩萨、英武雄健的天王、咄咄逼人的力士等。奉先寺的这些雕像以其宏大的规模、精湛的雕刻高踞中国石刻艺术的巅峰，也成为伟大时代——唐朝的象征。

　　龙门石窟是北魏、唐代皇家贵族发愿造像最集中的地方，两朝的造像反映出迥然不同的时代风格。北魏时期人们崇尚以瘦为美，所以，佛雕造像也追求秀骨清像式的艺术风格。而唐代以胖为美，所以唐代

龙门雪景

的佛像脸部浑圆，双肩宽厚，胸部隆起，衣纹的雕刻使用圆刀法，自然流畅。

龙门石窟的开凿延续时间长，跨越朝代多，对中国石窟艺术的创新与发展做出了重大贡献。同时，其中所保存下来的大量实物形象和文字资料，从不同侧面反映了中国古代政治、经济、宗教、文化等许多领域的发展变化情况，是研究那段历史的宝贵资料。

2000 年，龙门石窟被联合国教科文组织评价为"中国石刻艺术的最高峰"，列入《世界文化遗产名录》。

大同云冈石窟

云冈石窟位于山西省大同市西郊 16 千米处的武周山（武州山）南麓，东西绵延 1000 米。与我国其他的石窟相比，云冈石窟有一个最明显的特点，那就是这里的绝大多数石窟都是北魏时期开凿的。从北魏的文成帝和平初年（460）年开始，一直到孝明帝正光五年（524）年为止，前后 60 多年的时间。所以，云冈石窟也被称为公元 5 世纪中国石刻艺术之冠。

云冈石窟外景局部

云冈大型石窟

云岗石窟中最高的佛像

按照开凿的时间，60多年可以分为早、中、晚三个不同的时期，每一个时期的石窟造像都有着各自鲜明的特点。

早期的石窟，也就是著名的昙曜五窟。昙曜是当时的高僧，他在得到北魏孝明帝的许可之后，在环境优美的武周山上开始开凿石窟，直接拉开了云冈石窟开凿的序幕，这也是昙曜五窟的由来。昙曜五窟的主体佛像十分高大，面相丰满圆润，高鼻深目，带有很明显的西方人的特征。事实上，昙曜五窟的雕刻技艺正是将汉代的雕刻艺术和古印度的艺术精华融合在了一起，造就了昙曜五窟劲健、浑厚、质朴的造像作风，又兼有独特的西域情调。

中期是云冈石窟开凿的鼎盛阶段，时间虽然只有20多年（471—494），但是却涌现出了大量的优秀作品。这个时期，北魏的孝文帝还

被戏称为带着最早的领带的佛像

没有将都城迁到洛阳，当时的北魏也正处于最稳定、最兴盛的阶段，国力相对比较强大，能够为开凿大型石窟提供必要的物质保障。中期的洞窟平面基本都是正方形或者长方形的，洞窟的结构相对比较复杂，里面的雕像所涉及的题材内容也变得丰富多彩。不过，中期石窟最重要的一个特点就是汉化特征的明显，外来因素的影响越来越少。中期的石窟，很好地将北魏时期复杂多变、富丽堂皇的艺术风格展示了出来。

后期指的就是公元494年之后的30年时间，因为北魏将都城迁到洛阳，云冈这个地方的大规模石窟开凿活动就随之停止了。这段时间里，云冈新开凿的石窟都是那些中小型的。相较中期而言，这个时期的雕像人物形象是清瘦俊美的，各个部位的比例适中，是中国北方石窟艺术的榜样和"瘦骨清像"风格的源起。

云冈石窟非常形象地记录了印度及中亚的佛教艺术逐渐向中国佛教艺术发展的历史轨迹，反映了佛教造像在中国逐渐世俗化、民族化的过程。作为石窟艺术"中国化"的开始，其中出现的中国宫殿建筑式样雕刻，以及在此基础上衍生出的中国式佛像龛样式，被广泛地应用到了后世的石窟寺建造之中。

反弹琵琶佛像

卷发佛像

天水麦积山石窟

麦积山石窟

公元 384 年到 417 年的后秦时期，麦积山上就开始出现石窟，只是数量不是很多。不过，随着时间的推移，麦积山上的石窟数量也逐渐增多起来。西魏文帝的皇后死后，被埋葬在了麦积山的崖壁上，直接带动了一次石窟开凿的小高潮。北周时期，秦州大都督李允信为了纪念自己的父亲，在麦积山修建了七佛阁。到了隋朝，隋文帝又命人在这里修建了佛塔，用来供养佛舍利。随后的各个朝代里，不断有人在麦积山上开凿新的石窟，日积月累，终于使得这里成为我国著名的石窟群之一。

天水市在甘肃省，麦积山是天水市的一座山峰，因为它的样子很像堆积起来的麦垛，所以就有了这么一个有意思的名字。麦积山石窟开凿在麦积山上，从下而上，一层层排布得十分密集。麦积山的高度是 142 米，石窟的分布区域则是高度 20 米到 70 米这个区间的悬崖峭壁。

麦积山石窟近景

公元 734 年，麦积山地区发生了一场地震，麦积山石窟的悬崖面中部崩塌毁坏，整个麦积山石窟群因此被一分为二，成了我们今天看到的东、西两个部分。现在，东边山崖上有54 个洞窟，西边山崖上则有140 个洞窟，最高的塑像有 15 米高，而最小的只有 0.3 米。

因为麦积山特殊的地质条件，这里的石头本身并不适合直接用来作为雕像的材料。所

七佛阁塑像

以，麦积山石窟的佛像主要采用了泥塑和绘画的形式。麦积山石窟里面的塑像，包括了各个不同朝代的作品，各具特色，将各自的时代特征非常充分地展示了出来，很好地反映了我国泥塑艺术的发展和演变的过程。

麦积山壁画

七佛阁是麦积山石窟中的杰出代表，它位于东边山崖的 4 号窟中。七佛阁里面一共有 42 尊菩萨塑像，这些塑像神态庄严可亲，将人世间善良、慈祥的感情表现得淋漓尽致。每一个佛龛之间都有天龙八部的浮塑，天龙八部的面容十分狰狞怪异，但是看起来却并不显得丑恶，反而将男性健美、威严、正直、勇猛、坚毅的性格充分地表现了出来。

与敦煌莫高窟、大同云冈石窟、洛阳龙门石窟一样，麦积山石窟也是珍贵的艺术宝藏。如果从艺术特点来看，敦煌石窟更侧重于绚丽的壁画，云冈石窟和龙门石窟则因为壮丽的石刻而著名，而麦积山石窟则以其精美的塑像闻名于世。

八、建筑艺术中的特殊存在——陵寝

人死之后，入土为安。普通人死后，埋葬的地方叫坟墓，简单的不过是一个土堆，复杂一些的会有建筑。最隆重的，自然就是陵寝，但是，不是谁的埋葬之地都有资格能够被称为陵寝的。陵寝，是帝王死后埋葬的地方。

中国历史上的第一位皇帝是秦始皇，他刚刚登位就开始着手修建自己的皇陵。从此之后，这样的做法也就成了一个规矩，几乎每一位皇帝一登基就同时开始着手修建自己的皇陵。

秦始皇的皇陵到底有多大？又到底是什么样子的？似乎只能是个谜了。不过，从史书中能够略见一斑。按照史书中的记载，仅仅修建皇陵动用的人数就达到了 70 多万，仅这一点，就已经足以看出这位始皇帝的皇陵是如何宏伟的一个规模了。

在皇陵的修建上，汉朝继承了秦的制度。后来的唐、宋、明、清等朝代的皇帝们，也都纷纷效法，而且是有过之而无不及，将一座座皇陵修建得气势恢宏，无论是地下的部分，还是地上的部分，都豪奢无比。

明十三陵

历代皇陵之中，明朝的皇陵可以称得上是其中的典范，而且保存得也最完整。明朝的开国皇帝朱元璋将国都定在了南京，所以他的皇陵自然就在南京，就是著名的明孝陵。朱元璋死后，皇位首先传给了自己的孙子朱允炆，但是，没过几年，朱允炆的皇位就被自己的叔叔朱棣夺走了。朱棣后来迁都北京，从此以后，明朝的历代皇帝死了之后就都葬在了北京西北方向的天寿山下，前后13位皇帝，留下了13座皇陵，也就是今天我们所熟知的著名景点——十三陵。

明朝的十三陵分别指的是：成祖的长陵、仁宗的献陵、宣宗的景陵、英宗的裕陵、宪宗的茂陵、孝宗的泰陵、武宗的康陵、世宗的永陵、穆宗的昭陵、神宗的定陵、光宗的庆陵、熹宗的德陵和毅宗的思陵。十三陵中，长陵最大，最后一位皇帝的悼陵最简陋。

神道

神道是陵寝的地上建筑部分之一。十三陵的十三座皇陵有一条共同的神道，也就是说这条神道将整个十三陵有机地连接在了一起，成为一个整体。

石牌坊

十三陵神道的起点处是一座巍峨高大的石牌坊，坐落在整个陵区的南面，具有明显的标志性作用。石牌坊并不是一开始就有的，而是在嘉靖十九年（1540）修建的，是"五间六柱十一楼"的形式。所谓五间，就是有五个门，自然，要想形成五个门户就需要六根柱子。至于十一楼，指的是牌坊上面的牌楼，最中间的是三层，其他的均为两层，加起来正好是十一层。石牌坊的材质是汉白玉，表面的装饰有云龙、卧兽等等，雕刻得十分精美，形象也很雄健，是我国古石牌坊中的精品。

石牌坊的北边有一座大红门，是整个陵区的总门户。原来，有墙将整个十三陵都包围起来，墙的总长度足有80里。门的两侧还各有一座石碑，上面刻着"官员人等至此下马"的大字，极为醒目。道路两旁，松柏成行，营造出了一种庄严肃穆的氛围。

神道石人像

过了大红门不远，有一座碑亭，里面立着一尊石碑，正面刻的是"大明长陵神功圣德碑"。从这尊石碑上不难看出，原先这条神道本来是属于长陵的，后来历代帝王不断增修完善，最后才成了所有皇陵的总神道。

神道石兽像

作为神道，一般两侧都会立着石兽、石人等物。这一点上，十三陵的这条神道也不例外，它的两侧有石兽12对，石人6对。这些石像都是用整块的白石雕琢出来的，最大的一尊，体积足有30立方米。石像之间的距离是一样的，都是44米。石像的分布也很有意思，一对坐着的和一对站着的，交替变化，非常有规律。

过了石像分布的区域，就是龙凤门，也叫棂星门。再往后，原来还有一座石桥，过了石桥，就算真正进入皇陵所在的核心区域了。

从整体布局上来看，建筑物和石像大多数都在神道的南半段，到了北半段，神道就显得很空旷了。

陵寝

陵寝，其实就是皇帝死后真正埋葬的地方。十三陵中的每一座陵寝，基本结构都差不多，都包括了祾恩门、祾恩殿、明楼和宝顶这几个部分。下面，我们就以其中的长陵为例，简单介绍一下明朝皇陵的陵寝结构。

长陵匾额

长陵的陵门有三座门洞，红色的墙体上面盖着黄色的瓦，是单层房檐歇山顶的样式。进门之后是一个广场，中间是一条御道，左边坐落着一座碑亭，里面树立着石碑。据说，这些石碑上一开始是没有字的，现在上面刻的则是清朝顺治、乾隆和嘉庆三位皇帝留下的内容。

过了广场，到了广场的最北端就是祾恩门。进入祾恩门，就是用来进行祭祀的地方——享殿，也就是祾恩殿。整个大殿修建在三层汉白玉

长陵鸟瞰全景

台基上，横向面宽为9间，大约67米，进深为5间，大约29米，整个平面是一个长方形。这座祾恩殿是我国非常罕见的一座巨型木构建筑，也就是说它整体都是用木头作为原材料建造起来的。它的梁柱等构件都是用优质的楠木作为原料。大殿的内部有60根金丝楠木的大柱子，中央的4根每一根都有14.3米高，直径更是达到了1.17米。所以，这座殿也被称为楠木殿，这些楠木柱子上没有覆盖油漆等物，直接暴露出了楠木的本来面目。

祾恩殿的后面是内红门，过了内红门，在御道的正中有一座白石坊，之后还有石香炉、花瓶和烛台等物。再后面，就是方城明楼了。

祾恩殿

祾恩殿内的金丝楠木大柱子

方城也叫宝城，因为城的平面完全是一个正方形，故得名方城。方城的边长大约35米，高15米，城墙是用砖头砌的。方城的中间有一条宽约3米的南北方向的甬道，顺着这条甬道到方城的北端，会看到左右两边各有一条台阶踏道，顺着这两条踏道都可以上到位于方城上面的明楼之中。

明楼

明楼的平面也是一个正方形，不过边长只有 18 米，四个方向上都有一个门，里面中央的位置上耸立着一座浅红色石碑，俗称"朱石碑"。上面写着"大明成祖文皇帝之陵"。

方城明楼是整个长陵的最高处，站在城楼上可以远眺四方。明楼的后面有一个巨大的土堆，这就是所谓的宝顶，皇帝和皇后的棺木就保存在里面，即所谓的梓宫所在地。宝顶的四周都用砖头砌墙包裹了起来，目的自然是保护宝顶免受各种破坏。长陵宝顶的直径大约 300 米，远远地看起来就好像是一座小城堡一样。

朱石碑

地下宫殿

地宫是陵寝建筑的重要组成部分，是安放死者棺木的地方。1956年，我国的考古工作者打开了十三陵中的定陵的地宫，让人们对古代皇帝的地下宫殿情况有了非常直观的认识。定陵是明朝万历皇帝朱翊钧的陵墓，这位明朝皇帝从 10 岁开始当皇帝，一共在位 42 年，他的这座皇陵是在他登上皇位第 11 年开始修建的，用了 6 年的时间，花了整整 800

万两白银。

定陵地宫以隧道和外界连接，整条隧道分成三个部分，首先是一个砖砌的拱门隧道口，然后是一条狭长的弯弯曲曲的坑道，最后是一条石头砌成的隧道。石头隧道这一段，整体上是一个斜面，从外到内向

进入定陵地宫的通道

地下深入了 20 多米。当皇帝和皇后的棺椁被安放进去之后，这里就会被堵死。石头隧道的尽头，立着一堵"金刚墙"，墙的顶部有黄色琉璃瓦盖起来的屋檐，中间则开着一道"金刚门"，跟金刚门相连的还有一

金刚门

道拱门，这两道门在最后也会被完全封死。隧道的最后，是一个边长大约 8 米的正方形房间，这里既是隧道的最后部分，又是整个地宫外面的第一个房间。整个房间的地面和墙壁都是用条石铺起来的，顶部则是用砖头砌成了拱形结构，拱最高的地方到地面的距离超过了 7 米。这个房间的北面高耸着一座大门，正是定陵地宫的门户所在。

地宫大门全都是用汉白玉修建的，两扇大石门，每一扇的重量都有 4 吨左右，门上分布着横纵各九排门钉。这两扇大门的设计很有意思，当皇帝和皇后的棺椁安放好之后，一旦封闭，再想从外面打开就不可能了。

定陵的地宫在地下 27 米的地方，总面积达到了 1195 平方米，由 5

棺椁所在的地宫核心

个高大宽敞的殿堂组成。其中，处于中线位置上的有 3 座，从南往北依次是前殿、中殿和后殿。其中，前殿和中殿是纵向排列的，后殿横着位于中殿的后面，三者看起来呈"T"形。剩下的两殿是左右配殿，分布在中殿的两侧，也是纵向分布，与中殿平行。这 5 个殿中，后殿是核心，也是整个地宫之中最大的部分，长30.1 米，宽 9.1 米，高度达到了 9.5 米。万历皇帝和两位皇后的棺椁都安置在了这里，另外还有 26 只装满了精美工艺品等殉葬物的大木箱子。

定陵地宫采用了筒形石拱结构，具有非常好的抗压能力，虽然过去了 400 多年，但是没有任何一块石头塌陷。这一点，当初在定陵地宫被挖掘出来的时候，现场的专家也是惊叹不已。地宫中出土了文物 3000 多件，其中有不少都是极为珍贵的艺术品，为人们研究明代的历史提供了很多有意义的佐证材料。

定陵内部

九、中国古代的宫殿建筑与祭坛建筑代表

宫殿，一般指的是帝王居住的地方，它是中国古代建筑中最高级、最雄伟、最豪华的一种类型。考古发现，中国宫殿出现的历史可以追溯到商代。到了秦汉时期，宫殿的规模就已经变得很宏大了，如秦的阿房宫，汉的未央、长乐、建章诸宫，唐的大明宫，明的南京故宫，明、清的北京故宫等。现在保存下来的宫殿，主要就是北京故宫和沈阳故宫，其中北京故宫是最大、最完整的。

在建筑概念里，其实"宫"和"殿"是两种不同的存在。宫，一开始指的是有套间的房屋，后来逐渐成为多间建筑组成的建筑群，最后则成了帝王居室的特殊用词。比如北京故宫的乾清宫和坤宁宫，前者是皇帝日常起居的地方，后者则是皇后日常起居的地方。民间还有一类特殊的地方，也会存在各种以宫为名的建筑，那就是道教的庙宇，诸如北京的蟠桃宫、万寿宫、文昌宫等等。殿，在建筑中主要指的就是那些地基很高、坐落在整个建筑群落的中轴线上、很高大的房子。殿的空间和构件的尺度一般都比较大，每一个细节都十分讲究，是帝王日常办公的重要场所。比如北京故宫里面的三大殿——太和殿、中和殿和保和殿等。此外，在寺庙中，一般都有一座大雄宝殿，正常情况下，大雄宝殿一定是整个寺庙中最雄伟、所在位置也最高的建筑。

宫殿建筑，集中反映了中国古代的建筑水平，认识宫殿建筑，了解宫殿建筑，对于全面认识中国古代建筑史是一件非常有意义的事情。

世界五大宫之首——故宫

　　故宫在北京，它是明清两代的皇家宫殿，也被称为紫禁城。故宫坐落在北京城中轴线的中心位置，是世界上现存规模最大、保存最为完整的木质结构古建筑之一，凝聚了中国古代宫廷建筑的精华。

故宫全景图

　　公元 1406 年，明成祖朱棣下令修建属于自己的皇宫，先后用了十四五年的时间，到 1420 年正式竣工。整个故宫的大平面是一个长方形，南北长 961 米，东西宽 753 米，总面积大约 72 万平方米，其中建筑面积约 15.5 万平方米。整个宫城被高 12 米、总长度约 3400 米

故宫外面的护城河

的城墙包围在其中，城墙的外面是护城河，足有 52 米宽。

故宫只有四个门，分布在东南西北四个方向上，分别是东华门、午门、西华门和神武门。神武门明朝时叫玄武门，因为康熙皇帝的名字叫玄烨，为了避讳，所以就改成了神武门。神武门的后面是一座小山包，据说是用开挖护城河时的泥土和石头堆起来的，

现在的景山公园

正是现在很有名气的景山，曾经也叫作煤山，明朝最后的那位皇帝——崇祯皇帝就是吊死在山上的。

从明成祖朱棣开始，到1924年清朝的最后一位皇帝溥仪被驱逐，故宫一共居住生活过24位皇帝，超过了500年的时间。

故宫里面的宫殿是沿着一条南北向的中轴线排列的，从南向北依次是三大殿、后三宫、御花园。从这些主体建筑向两边拓展开去，左右对称地分布着近百个院落，8000多间房屋。

太和殿前广场与内金水桥

午门，俗称五凤楼，是故宫的正门。午门一共有三个门洞，中间的是正门，两边的分别是东侧门和西侧门。正门在平时只有皇帝可以出入，皇后只有在大婚的那天可以从这里进入宫内，此外就是每一届的状元、榜眼和探花三人在殿试高中后从皇宫里面离开的时候，可以从这里出去一次。其他的人，文武大臣只能从东侧门出入，宗室王公则从西侧门出入。整个午门其实是一组建筑，包括了东、西、北三面，每一面都是高达 12

米的城台，组成了一个半包围的结构。正中的城台上面是一座9间的大殿，两侧的城台上则各有一座13间的殿屋向南伸出，四个角上还各有一个高大的角亭。午门的这种门楼结构在建筑学上被称为"阙门"，是我国古代大门等级最高的形式，气势恢宏，将皇家的威严彰显得淋漓尽致。

午门

　　过了午门，是一个很广阔的庭院，犹如玉带一般的内金水河横贯其中，五座金水桥横跨其上。随后，就是外朝宫殿大门——太和门，过了太和门，就能够逐一领略到外朝三大殿的风采了。

外朝三大殿

　　太和殿、中和殿、保和殿前后直线排列，坐落在高度为7米的"工"字形台基上，构成了故宫外朝的核心建筑。台基都是用汉白玉砌成的，分为三层，所以也有"三台"的俗称。每层的四周都有汉白玉栏杆围绕，栏杆的每一根望柱下面都有个龙头，下雨的时候，台基上汇集的雨水就会从龙头隐藏的排水口中流出，形成壮观的千龙喷水盛景。

千龙出水

太和殿是故宫里面最高大的建筑，明朝时叫作奉天殿，俗称金銮宝殿。太和殿是用来举行重大活动的，比如皇帝颁布重要的诏书，新皇帝登基，每年元旦、冬至、万寿节（皇帝的生日）等重要日子的大朝会，等等。太和殿面阔11间，进深为5间，屋顶是很高等级的重檐歇山顶。

中和殿在太和殿的后面，明朝的时候称为华盖殿，平面是一个正方形，其屋顶是非常典型的四角攒尖顶，最上面安放了一个鎏金的宝顶。中和殿是皇帝在参加重要活动的时候提前做准备的地方。比如，祭祀天地和太庙之前，皇帝会先在这里审阅一下祭文；到中南海演耕之前，也会在这里先检查一下耕具，等等。

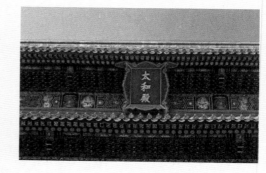

太和殿

保和殿在中和殿的后面，明朝的时候叫作谨身殿，面阔9间，进深5间，屋顶也是重檐歇山顶。保和殿是每年除夕皇帝设宴招待外藩王公的地方。从雍正皇帝开始，科举考试的殿试也在这里举行。

中和殿

保和殿

　　在三大殿的两侧，还有两组自成一体的建筑，分别是文华殿和武英殿。其中，文华殿是太子读书的地方，同时也是皇帝讲学和召见学士的地方。皇宫里的大型图书馆文渊阁就在文华殿的后面，《四库全书》就收藏在里面。武英殿是皇帝召见大臣的地方，位于西华门内。明朝末年，李自成进入北京之后，他就把自己的办公地点设在了武英殿。

　　过了保和殿，就能看到华丽的乾清门，这道门将故宫的外朝和内廷分割了开来，也使得故宫的建筑在其内外两侧呈现了不同的风格特点。外朝属于办公区，要彰显的是皇家的威严，所以外朝建筑都是庄严宏大的。内廷则属于生活区，是皇帝和他的后妃们起居生活的区域，自然这个区域的建筑更注重精巧，具有典型的庭院格局的风格特点。

　　相对于外朝的三大殿，内廷则以三宫——乾清宫、交泰殿和坤宁宫为核心，三宫同样依次坐落在中轴线上，从南往北一字排开，和外朝三大殿构成了一个核心的中轴核心。

　　乾清门虽然叫门，但是它却不只是一道门那么简单，说它是一座殿也一

乾清门

乾清宫

点不夸张，它的面阔有 5 间，进深有 3 间。清朝的时候，这里不仅是连接内廷和外朝的重要通道，同样也是重要的处理政务的地方，很多重要活动都是在这里举行的。

乾清宫是皇帝的寝宫，连着两边走廊一共面阔 9 间，进深 5 间，屋顶是最高等级的重檐庑殿顶。坤宁宫则是皇后的寝宫，连廊面阔同样是 9 间，但进深只有 3 间，屋顶则是次一等的重檐歇山顶。交泰殿位于乾清宫和坤宁宫之间，是一个方形的小礼堂，四角攒尖顶，交泰取的是"阴阳交泰"的说法。内廷三宫的格局与外朝三殿的格局基本是一致的。

内廷之中，除了核心的三宫之外，还有很多其他的建筑，包括嫔妃们居住的东西六宫，收藏皇帝衣物的东庑端凝殿，皇帝阅览奏章的西庑懋勤殿，等等。经过历代的改建和扩建，故宫的内廷里面的建筑已经非常丰富。

坤宁宫

储秀宫

内廷的北边，就是故宫里面的后花园，也就是御花园。御花园里的钦安殿是一座典型的盝顶样式的建筑，在整个故宫的建筑之中也是独具一格的。御花园内布置了假山水池、亭台楼阁，充满了典型的园林特色。

故宫里的石狮子

故宫，这座珍贵的古代宫殿建筑，600多年的历史，见证了中国历史，现在成了人们观赏和旅游的胜地。

世界罕见的祭天建筑——天坛

坛，是古代举行祭祀、誓师等重大活动的台子，一般是用土或者石头垒筑而成的。北京地区有很多著名的坛，比如祭天的天坛、祭地的地坛、祭日的日坛、祭月的月坛、祭祀农神的先农坛、祭祀社稷的社稷坛等等。其中，天坛无疑是最有名的，堪称是世界上最大的祭天建筑群。

天坛是明清两代帝王祭天的地方。封建时代，皇帝自称天子，所以祭天这种事情是每一位皇帝都要做的事情。明朝开国的时候，都城在南京，所以最早的天坛是建在南京郊外的钟山上的。开始的时候，祭天和祭地分开在两个地方，分别是圜丘和方丘。后来，明朝开国皇帝朱元璋

天坛全景

认为分开不太合适，就在圜丘上修建了大殿，将天地合在一起祭祀。明成祖朱棣定都北京之后，在南郊的正阳门外仿照南京天坛的样子重新建造了一座天地坛。从朱棣之后，每一任皇帝都会对天地坛进行维护和修缮。只是，到了嘉靖皇帝的时候，又将天和地分开了进行祭祀，原来的天地坛改成了天坛，在另外的地方单独建造地坛。嘉靖皇帝的这一次改建，在天坛发展史上是非常重要的，圜丘和皇穹宇就是这个时候独立重修起来的，之前的大祀殿也改成了大享殿。

到了清朝乾隆时期，天坛又进行了一次大规模的重修和扩建。圜丘的直径被增加了一倍，大享殿也改成了祈年殿。1889年，祈年殿又被重修了一次，原因是前一年它被雷击引发的火灾毁掉了。不过，总体来说，我们现在看到的天坛的整体格局还是明朝嘉靖时期留下的，清代的时候并没有在整体格局上进行大的改动。

地方

天坛的总体布局和造型都是按照"天圆地方"的思想进行设计的。天坛的围墙有两道，将整个天坛区域分隔成了内坛和外坛两个部分，两道围墙都是北面的墙是圆弧形的，南面的墙是方形的。显然，天坛围墙的这种形象正是"天圆地方"思想在建筑上的具体体现。

天坛的主要建筑基本集中在内坛的南北中轴线上、圜丘坛在南边，是皇帝祭天的地方，主要包括圜丘、皇穹宇等建筑；祈谷坛在北边，是皇帝祈谷的地方，主要包括祈年殿、皇乾殿、祈年门等建筑，南北两个区域之间有一道弧形的向北边凸起的隔墙。圜丘和祈谷两坛之间，是一条长360米、宽近30米、南低北高的丹陛桥（也称海墁大道或神道）。

丹陛桥

天心石

圜丘是一座高大的三层圆形石台，圆形象征的就是天。祭天必须是露祭，所以台上是不能建房子的。整座圜丘都是用青石砌成的，最上层的台面上，以中心位置的圆形石板"天心石"为中心，四周环砌台面石，第一圈石板的数量是9块，第二圈是18块，然后向外依次

每圈增加9块，一直到第九圈的81块，寓意皇帝脚踏天心石的时候是身在"九重天"与上天对话。人站在天心石上说话，声音特别浑厚、洪亮。

古人将9视为阳数之中最尊贵的，所以，在圜丘上真的是将9这个

数用到了极致。圜丘有三层，每层四面的台阶都是九级。此外，每一层周围都有精雕细刻的汉白玉石栏杆，而这些栏杆的数量也都与9有关，是9的倍数，最上层是72根、中间一层是108根、最下一层是180根。

圜丘的工程质量是非常值得称道的，从乾隆时期扩建到现在，已经过了二三百年的时间，一直都是暴露在室外，经历着烈日严冬、风沙雨雪的侵害，但是坛面依然平滑如镜，石板之间接缝严密，没有出现丝毫的下沉或者起翘的情况。不仅如此，天心石上神奇的声学现象更是堪称一绝，将明清时期的建筑技术水平彰显得淋漓尽致。

皇穹宇

皇穹宇是供奉皇天上帝和皇帝上八代祖宗牌位的地方，是一座重檐的圆形建筑，是圜丘坛的正殿。明嘉靖九年（1530）修建的时候，它叫作泰神殿，嘉靖十七年（1538），它被改成了今天的名称——皇穹宇。不过，现在我们所看到的皇穹宇已经是清乾隆十七年（1752）重建之后的样子了，单檐蓝瓦圆攒尖顶上面配着鎏金宝顶，整个建筑的高度达到了19.5米，直径15.6米。

皇穹宇是砖木结构建筑，但是整个殿内却没有一根横梁，整个屋顶都是靠8根檐柱、8根金柱和众多的斗拱支撑起来的，其中的力学原理运用得非常巧妙。远远望去，皇穹宇就像一把金顶的蓝宝石巨伞。皇穹宇正殿外面就是著名的回音壁、三音石和对话石。

祈年殿是一座鎏金宝顶、蓝瓦红柱的三层重檐圆形攒尖顶样式的大殿。它的设计思想就是"敬

回音壁

天礼神"，圆形的外观象征天圆，蓝色的顶瓦象征蓝天。祈年殿整体为砖木结构，高38米，直径32米，三层重檐从下向上依次收缩，外形看起来就像一柄撑开的大伞。祈年殿的内部既没有大梁，也不用铁钉，整个殿顶的重量完全靠着28根楠木巨柱支撑着。28根楠木巨柱分为三层排列，最里面的4根最粗大，上面盘着金龙，被称为"龙井柱"，象征

祈年殿

着一年的4个季节；中间的一层，共有12根，比最里面的4根略微细一些，象征一年的12个月；最外面的12根，则象征一天的12个时辰。此外，中间和外面加起来共24根，又象征一年的24个节气；所有的加起来是28根，又象征天上的星辰28宿。

祈年殿的殿座就是圆形的祈谷坛，三层6米高，气势巍峨。

天坛的建筑技艺，高超绝伦，非同一般，其规模之宏大、形式之绝妙、结构之精巧，都是世界上所罕见的，在中外建筑史上都占据了重要的地位。

十、世界上一大奇迹——万里长城

极为悠久的历史

古长城遗址

万里长城绵延起伏，横亘在我国北方辽阔的土地上，它是我国古代的一项伟大工程。长城，在我国其实存在的地域非常广泛，历史也十分悠久。根据《左传》的记载，春秋时期的楚国就已经在现在的河南、湖北等地修建了最早的长城——方城。无论是这最早的长城，还是后来陆陆续续各个诸侯国在他们的边界修建的长城，乃至秦始皇下令修建的万里长城，目的都是一样的，就是防御敌人的入侵。

诸侯国长城以战国时期修建最多，因为这个时期的特点就是国与国之间的战争不断。当然，这些长城中的绝大部分现在我们已经看不到了，因为它们都被当初统一了六国的秦始皇下令拆除了。现在，我们只能在某些地方还能够发现一些战国时

古长城遗址

期诸侯国长城的遗迹。

秦长城的目的，主要是防御北方游牧民族（如匈奴、东胡等）的入侵。当时，秦始皇派遣大将蒙恬，组织了 30 万大军，整整花了 10 年时间，才修建成了一条西起临洮、东至辽东的万里长城。当然，其中也包括了最初燕、赵等国家修建的北方边界长城。

古长城遗址

秦之后，汉、北魏、北齐、隋等几个王朝都先后对长城进行过修补和增筑。其中以汉代的动作最大，除了维修之外，还增筑了很长的一部分，将西端一直修到了新疆，总长度远远超过了万里。

从唐到元，我国的国土都十分辽阔，长城变成了内城，失去了抵御外敌的作用，所以当时的政府也就没有再去维修。但是，到了明代，为了抵御北方的蒙古族和东北女真族的南下侵扰，再次开始大规模地修建长城。明长城的总长度达到了 12700 里，确实是名副其实的万里长城。

清代，长城再次变成了内城，自然也没有再次进行修补和增筑。所以，我们现在所看到的长城，绝大多数都是明长城，至于再以前的长城，基本上都只剩下遗址了。

雄伟的建筑工程

我国历代修建的长城累加到一起，总长度可就远不止万里了，而是足足超过了 10 万里。当然，长城的伟大可不仅仅是它的长度，更是因为它的高大雄伟。不管是它的城墙，还是上面的烽火台、敌楼或者关隘，都远比一般的建筑壮观。此外，那就是很长一段长城都是修建在高山峻岭上面的，沿着群山的脊梁蜿蜒起伏一路走下去，中间还要跨越无数的悬崖深谷。

蜿蜒在崇山峻岭上的长城

城墙是长城的主体。以山海关这一段为例，城墙的横截面是一个梯形，下面的底宽6米左右，上面的顶宽则在5米左右，高度则达到了6.6米。城墙的结构基本都是内外两部分，首先用长条形的石块或者特大的城砖砌成墙体外壳，然后在里面填土夯实，到了顶部的时候，还要再铺上三四层砖，砖缝之间用石灰黏合，非常紧密结实，连野草也难以生根。此外，在城顶的两侧还砌有女墙和垛口。女墙，也叫作矮墙，它可以一定程度上保护站在城墙上的士兵，抵御住来自城墙下面的攻击，比如射过来的箭支，抛过来的石块等。长城上的女墙高度在1米左右，每隔一段距离，还会有一个高度在1.6米左右的垛口。垛口的上面是瞭望洞，下面是射击眼。另外，城墙上还专门修建了排水沟和吐水槽，以方便雨水及时排出，确保城墙顶部不会出现积水的情况。

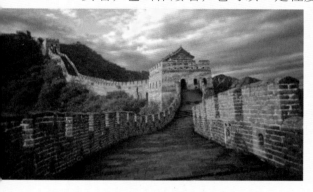

巍峨的城墙

长城的城墙上，每隔一段距离都会有一座凸起的高台。根据作用和规模的不同，这些高台又被分为墙台和敌楼。其中，墙台也被叫作马面，主要是因为它的外形是上面小下面大，很像马的脸。墙台的上面会修建普通的房屋，作为巡逻士兵避风挡雨和临时休息的地方，这样的房子也被称为铺房。墙台的外侧和左右两侧都会砌有垛口，所以，墙台存在的更重要的作用是防御。一方面，因为它是比城墙要凸出的，所以守卫的士兵从侧面的垛口上不需要伸出脑袋就可以观察到附近城墙外侧的敌情。另一方面，当有敌人来到城墙下的时候，守卫的士兵又可以从墙台

墙台

侧面的垛口发起攻击，从而阻止敌人登城。正是因为如此，一般来说，两个墙台的修建距离都会控制在两个墙台射程之和的范围内。敌楼，也被叫作敌台，它的规模要比墙台更大，一般都在12米以上，分成两到三层不等，四面的垛墙上都有垛口。敌楼的上面，还建有被称作楼橹的船形小屋。敌楼和楼橹的里面可以驻兵、存粮和储藏武器。

在长城的附近，还会有一种与敌楼差不多的建筑，那就是烽火台。烽火台的高度一般在15米左右，大部分都设在长城附近的山顶上，用于传递军事情报。

敌楼

此外，长城上还有很多雄关和隘口，这些雄关和隘口所在的地方基本都是军事要害之地，是敌我双方必争之地，也是战争最为激烈的地方。整个长城就是由上万里的城墙、数百座雄关险隘、成千上万的敌楼、墙台和烽火台组成的。长城的工程量非常巨大，工程的难度也相当大，但是，古代的工匠们却巧妙地采取了因地制宜、就地取材的办法，利用非常简单的工具，创造出了这个人类奇迹。

长城修建过程中的第一"巧"就是充分利用自然地形。比如，陡峭的地方，城墙直接利用山脊为基础；有些地方，更是直接劈削崖壁为城墙；山岗陡峭处，城墙较低；地势平坦处，城墙较高；湖泊处，直接用水面代替一段城墙，等等。长城修建过程中的第二"巧"就是建筑材料的就地取材。八达岭长城，城墙用的都是就地取材的条石或大砖；嘉峪关长城，除了关键部位之外，其他地方全部是用黄土夯筑而成的；山海关到鸭绿江那一段的长城，在土石的基础上插有柳条，被称为"柳条边"；沙漠地区的长城，会将沙漠中生长的红柳枝、芦苇掺到胶泥之中，再与沙石相间夯筑；盐碱地带的长城，则会在城墙中每隔一段距离，插上几根木柱，然后将芦苇、红柳枝条和碱土混合起来进行夯筑。

夯土筑城

长城修建的过程中，将数量众多、单体重量巨大的建筑材料运送到筑城的地方，是整个工程之中最为艰难的任务。在长期实践的过程中，古代的工匠们也在实践的过程中很好地找到斜面、滚木等省力的方法，充分地展示了中国古代劳动人民的智慧。

天下第一关——山海关

山海关是长城上著名的雄关，素有天下第一关的称号。山海关曾经被认为是明代长城东边的起点（1990年以前。新的历史遗址证明，明长城的东边起点应该是位于辽宁省丹东市的虎山长城），是明长城唯一与大海相交汇的地方。古代的时候，山海关也被称为榆关、渝关、临渝关、临闾关。

明洪武十四年（1381），中山王徐达根据朱元璋的命令修建了山海关。徐达根据当时的实际需要，将古渝关向东移了60里，重新修建了一座雄关，因为它北边紧挨着燕山，南边连接着渤海，所以就将名字改成了山海关。

山海关近景

严格说来，山海关其实就是一座规模不大的小型城池，周长大约4千米，完全是以城为关。山海关的东墙与长城主线契合在一起，整个城池在四个方向上都有城门，按照东南西北的顺序，依次为"镇东门""迎恩门""望洋门"和"威远门"。东门的城门台上建有一座箭楼样式的城楼，"天下第一关"的牌匾就悬挂在上面。城楼分为上下两层，第一层的高度是5.7米，第二层的高度是8米。城楼的屋顶样式是歇山重檐顶，顶脊双吻对称，四角飞檐上，饰以形态各异的脊兽，造型美观，栩栩如生。山海关之所以被称为"天下第一关"，一来是因为它是明代万里长城上重要的军事城防体系，扼守南北军事要隘，地位十分重要；二来是因为它又是万里长城东部的第一座雄关。

天下第一雄关——嘉峪关

嘉峪关是长城最西端的关口，在甘肃省嘉峪关市，也被称为"连陲锁钥"。嘉峪关是明洪武五年（1372）开始修建的，比山海关早了9年，是长城上现存的关隘之中最大的，也是中国现存规模最大的关隘。

嘉峪关

明朝大将军冯胜最初修建的嘉峪关是一座6米高的土城，占地2500平方米。公元1495年，原来的土城被废弃，李端澄主持重建了新的嘉峪关，并且将其命名为"天下第一雄关"。现在，我们看到的嘉峪关所保留的则是明朝嘉靖年间的规模和概貌，关城的总面积有33500多平方米，由外城、内城和瓮城三部分组合。

嘉峪关全景

站在嘉峪关上，极目远眺，可以看到四周远处的不同景色。南面是祁连山上的终年积雪，北面是蜿蜒起伏的万里长城，东面是名城酒泉，西面则是一望无际的沙漠。四面风光各不同，多少历史在其中，"嘉峪晴烟"是有名的肃州八景之一。

万里长城，2000多年的历史，犹如一条横卧的巨龙，时刻彰显着中华民族的伟大创造力。作为"世界中古七大奇迹"之一，它将永远激励着华夏儿女奋发图强，为实现中华民族的伟大复兴创造更多的奇迹。

十一、中国古代建筑史上的能工巧匠

当我们看到一座座气势恢宏、造型各异的建筑，感慨之余不免会产生一个疑问，到底是什么人设计并建造了这些建筑。在中国漫长的古代历史之中，工匠的地位并不是很高，正史中很少有他们的身影。但正是千百万建筑工匠的智慧和心血造就了中国古代建筑的辉煌。下面，我们就介绍一下这些工匠中出类拔萃的能工巧匠。

建筑工匠的祖师爷——鲁班

鲁班像

鲁班，这可是一位家喻户晓的人物，被视为中国工匠的祖师爷。鲁班，历史上确有其人，但是他并不姓鲁。鲁班姓姬，公输氏，班（般）是名，所以他也被叫作公输般，或者公输盘、班输，因为他是春秋时期的鲁国人，所以后世也称他为鲁班。本来的意思，应该是鲁国一个名叫班的人。

鲁班大约生于公元前 500 年左右，出生在一个世代工匠的家庭之中。耳濡目染之下，加上自己的勤奋好学，年轻的鲁班很快就掌握了很多的技术。现在木匠使用的很多工具，据说都是鲁班发明的，比如钻、刨子、铲子、曲尺、划线用的墨斗等。不仅如此，每一项发明的背后，还都有一个很有意思的小故事。比如墨斗上有一个部件叫作班母，据说就是鲁班在他母亲的建议下发明出来的。

鲁班的发明，不仅仅局限在木工工具方面，在军事方面，据说重要的攻城器具云梯和重要的水战工具钩强，也都是鲁班的创

墨斗上的部件——班母发明的故事

造。此外，据说还有其他很多方面的工具，都与鲁班有着密切的关系。不可否认，这里面的一些内容未必是真正的史实，只是因为鲁班的名气太大，于是后世的人们便把那些找不到真正发明人的成果也就都归到了他的名下。所以，鲁班这个名字，更大意义上其实已经不仅仅是某一个人，而是代表了工匠这个群体。

连环画《鲁班的故事》封面像

建塔专家——木工喻皓

连环画《喻皓》封面像

喻皓，也叫作预浩、俞皓、喻浩，是我国五代时期的吴越国西府（杭州）人，擅长造塔。作为一位社会地位并不高的工匠，喻皓的生平在历史上并没有太多的记载，倒是在北宋科学家沈括的传世名著《梦溪笔谈》中有所记录。喻皓是一位卓越的木工大师，北宋初年，曾经当过都料匠（掌管设计、施工的木工）。宋代著名的文学家欧阳修在《归田录》中曾称赞他是"国朝以来木工（第）一人"。

木结构建筑是我国古代的代表性建筑，到了宋朝的时候，相关技术已经发展到了很高的水平，形成了独特的建筑风格和完整的体系。但是，中国传统的技艺都是靠师带徒的方式进行传承和传播的，局限性很大，既不利于广泛传播，也很容易失传。于是，喻皓便决心通过自己的努力，写一本书将历代木工方面的经验总结在一起。通过多年的努力，喻皓终于在晚年写成了《木经》三卷。《木经》的问世不仅大大地促进了当时建筑技术的交流和提升，也对我国后世建筑技术的发展产生了积极的影响。

只是，很遗憾的是，因为喻皓只是一个普通的工匠，社会地位很低，所以他的书并没有得到社会上层的重视。时间一长，这本书也就散失了，现在我们能够看到的只是《梦溪笔谈》中保留的某些片段了。

关于喻皓造塔，流传下来了几个有意思的小故事。

北宋初年，当时还割据浙江的吴越国王派人在杭州建造了一座方形的木塔。当这座塔建到两三层的时候，吴越王正好去视察，结果一登上去就感到塔身有些摇晃，就问负责建造的工匠是怎么回事。工匠赶紧解释说："因为塔顶还没有铺瓦，上面太轻了，所以有些摇晃。"但是，等到塔顶的瓦铺好之后，人们再登上去的时候，塔身还是摇摇晃晃的。这个时候，这个工匠傻眼了，心里更是害怕得不得了，因为一旦吴越国王知道了，他可就要倒霉了。无奈之下，他只好前去请教喻皓。喻皓笑着告诉他："这个问题很容易解决，只要每层都铺上木板，再用钉子钉紧就

喻皓与《木经》

可以了。"果然，按照喻皓的建议进行完善之后，人们再上塔的时候，塔身再也不摇晃了。

宋太宗当政的时候，下令在京城汴梁附近修建一座高塔，喻皓被任命负责这项工程。经过诸多工匠的辛勤努力之后，这座雄伟壮丽的八角十三层琉璃宝塔终于建成了，这就是著名的开宝寺木塔。但是，人们很快就发现一个奇怪的现象，那就是这座塔的塔身居然是歪的，微微向西北方向倾斜。于是大家就问喻皓，这是怎么回事？喻皓向大家解释说：京师地平无山，又多刮西北风，使塔身稍向西北倾斜，为的是抵抗风力，估计不到一百年，塔身就能被风吹正了。对于高层木结构的设计来说，风力是一项不可忽视的荷载因素。在当时条件下，喻皓能够做出这样细致周密的设计，是一个很了不起的创造。可惜的是，这样一座建筑艺术的精品，50年后就在一次火灾中被烧毁了，没有能够保存下来。

著名的建造世家——样式雷

清代，是中国古代历史上最后一个朝代，同时，也是留下皇家园林、皇家宫殿建筑最多的朝代。这些恢弘的建筑的设计和建造与一个工匠世家有着密切的关系，这就是大名鼎鼎的样式雷。

雷氏家族之所以被称为样式雷，是因为清代把负责建筑设计的部门叫作"样式房"，而雷家人则长期担任着样式房的掌案（相当于首席建筑设计师），所以就被世人尊称为样式雷，口语也常叫作"样子雷"。

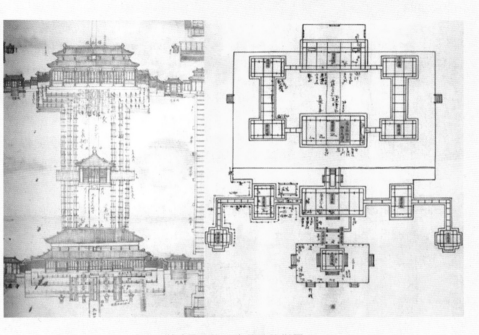

样式雷流传下来的建筑样图

烫样

　　清代样式雷的第一代叫作雷发达，他是康熙年间从当时的江宁（现在的南京）来到北京的。不过，雷家的祖籍却是江西，明末的时候才从江西迁居到江苏。

　　样式雷家族中，声誉最好、名气最大、最受朝廷赏识的是第二代的雷金玉。他是雷家第一位真正执掌样式房的人，他

第五代样式雷的代表人物——雷景修

主持了修建圆明园。康熙在《畅春园记》里曾经提到他非常牵挂一位杰出的匠师，指的就是雷金玉。

从雷金玉开始，一直到清朝末年，雷氏家族有六代人在样式房任掌案职务，负责过北京故宫、三海、圆明园、颐和园、静宜园、承德避暑山庄、清东陵和西陵等重要工程的设计。

进行建筑设计时，雷氏家族有一个环节是独树一帜的，那就是烫样。所谓的烫样，就是建筑模型的制作。每次正式开始建筑工程之前，雷家都会按照1/100或1/200的比例先制作出模型小样来，因为模型是用草纸板热压制成的，所以这个环节被称作烫样。

因为雷家设计的建筑大部分与皇家有关系，所以很多的原始资料在当时都被销毁处理掉了。但是，雷家还是想方设法保存下来一部分。雷氏家族烫样独树一帜，是了解清代建筑和设计程序的重要资料。1932年，雷家的后代将家族保存的数千件图样资料和100多盘烫样公之于众，使人们对清代的

烫样

皇家建筑秘密有了足够的了解，也为研究清代的皇家建筑提供了充分的原始历史资料，意义十分重大。

"样式雷"的作品，不论是从建筑理念，还是实际建造上，都蕴含着无穷的智慧。